# 3D·明清家具

苏于建　著
乔子龙　技术指导

江苏凤凰科学技术出版社

图书在版编目（CIP）数据

3D·明清家具 / 苏于建著. -- 南京：江苏凤凰科
学技术出版社, 2018.4
ISBN 978-7-5537-8991-0

Ⅰ.①3… Ⅱ.①苏… Ⅲ.①家具－仿真模型－中国
－明清时代－图集 Ⅳ.①TS666.204-64

中国版本图书馆CIP数据核字(2018)第021145号

## 3D·明清家具

| 著　　　者 | 苏于建 |
| --- | --- |
| 项 目 策 划 | 凤凰空间／杨　琦 |
| 责 任 编 辑 | 刘屹立　赵　研 |
| 特 约 编 辑 | 杨　琦 |

| 出 版 发 行 | 江苏凤凰科学技术出版社 |
| --- | --- |
| 出版社地址 | 南京市湖南路1号A楼，邮编：210009 |
| 出版社网址 | http：//www.pspress.cn |
| 总 经 销 | 天津凤凰空间文化传媒有限公司 |
| 总经销网址 | http：//www.ifengspace.cn |
| 印　　　刷 | 北京建宏印刷有限公司 |

| 开　　　本 | 965 mm×635 mm　1／8 |
| --- | --- |
| 印　　　张 | 41 |
| 字　　　数 | 100 000 |
| 版　　　次 | 2018年4月第1版 |
| 印　　　次 | 2018年4月第1次印刷 |

| 标 准 书 号 | ISBN 978-7-5537-8991-0 |
| --- | --- |
| 定　　　价 | 298.00元（精） |

# 序
## Foreword

**用科技还原古典木构之美**

这是一本充满科技感的古典家具图书，为古典家具的数字化生产和相关知识的普及提供了可行性。

中国古典家具尺寸规格的标准和制作方法，多留存于一代又一代工匠的口口相传中，其数字化和标准化一直很难实现。而基于传统家具的创新也很难细致入微地对部件和构成方法进行量化分析，仅能从形态和艺术上进行再创作。而随着数字化时代的来临，对传统木构的量化分析也许是打开传统家具创新这一新世界的钥匙。这本《3D·明清家具》则是运用数字技术来展现传统的木构之美，将传统融于现代，将艺术融于技术。

本书作者苏于建先生，并非专业出身，凭着对古典家具和传统建筑的热爱，绘制了 44 件明清家具的 3D 立体图纸，并对家具的尺寸和拼接方法进行数字还原，每一件家具都要通过软件进行数据拼接，从而达到结构的合理性，为传统家具的制作和研究提供了丰富的资料。当下社会所提倡的工匠精神，除了对传统艺术的继承，还包括了对传统艺术的再造和技术的创新，苏于建先生所做的工作，正是契合了工匠精神的内涵。

除了图书内容本身为读者带来的丰富数据，我们还利用最新的视频技术，将动态的、立体的视频导入图书，为读者呈上令人眼界大开的动态效果。

本书中所注尺寸均以毫米（mm）为单位。

杨琦

2017 年 12 月

# 目录
## Contents

# 矮座椅

规格：780mm×580mm×740mm

此椅上背边搭脑采用卷书式，主要构件有后背边框、扶手边框、大边、抹头，穿带下有束腰、牙板、腿，最下方是托泥、销，共有 99 个部件组成。

**观看视频请扫此图**

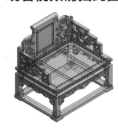

手机 QQ 扫一扫
观看 3D 结构图

全景家具图
放 置 区

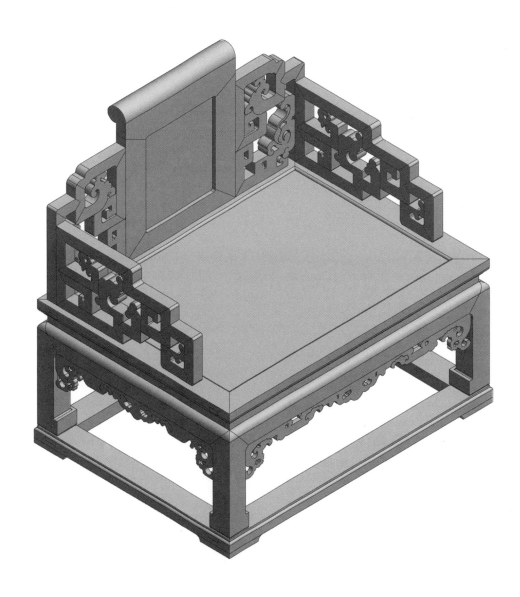

## 三视图尺寸图解

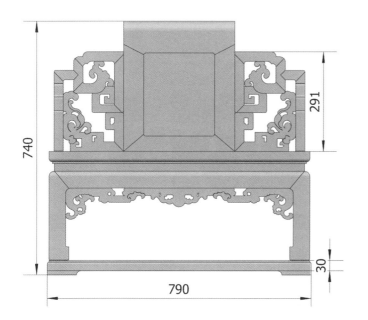

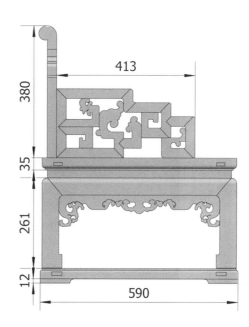

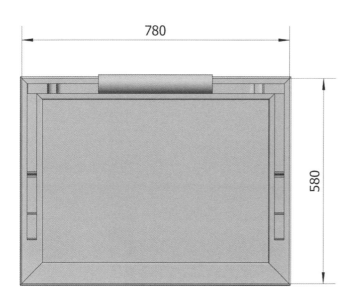

## 大边、抹头、坐板、穿带尺寸图解

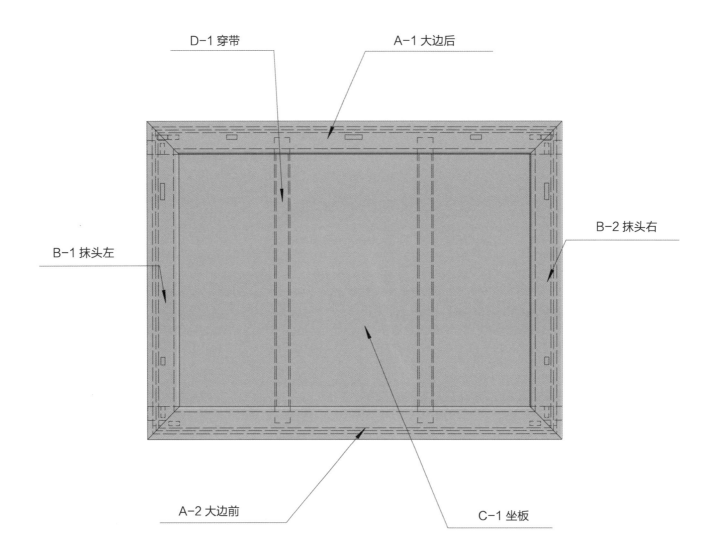

D-1 穿带　　　　A-1 大边后

B-1 抹头左

B-2 抹头右

A-2 大边前　　　　C-1 坐板

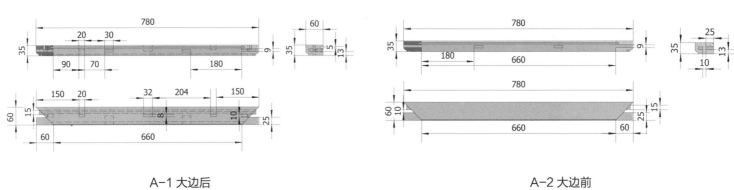

A-1 大边后　　　　　　　　A-2 大边前

# 腿尺寸图解

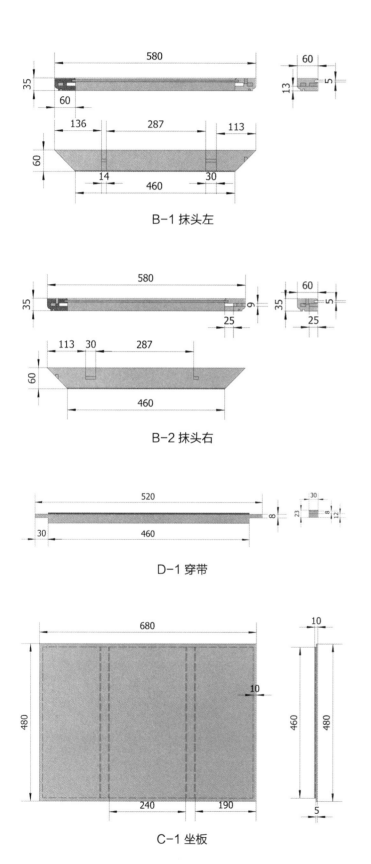

B-1 抹头左

B-2 抹头右

D-1 穿带

C-1 坐板

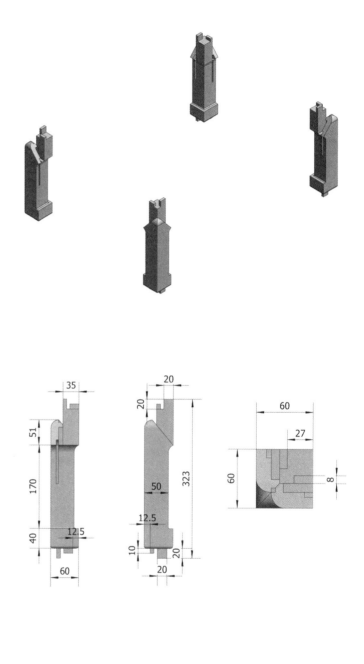

## 束腰、牙板尺寸图解

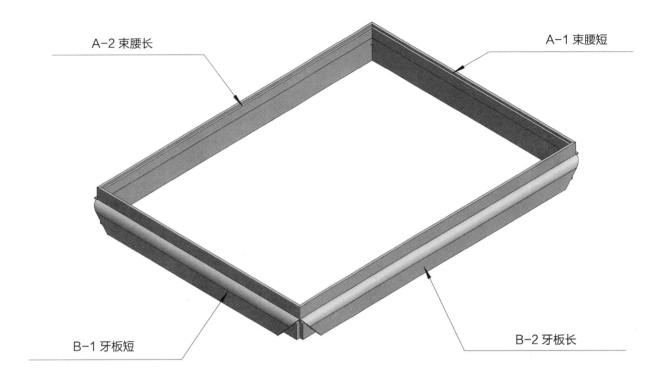

A-2 束腰长

A-1 束腰短

B-1 牙板短

B-2 牙板长

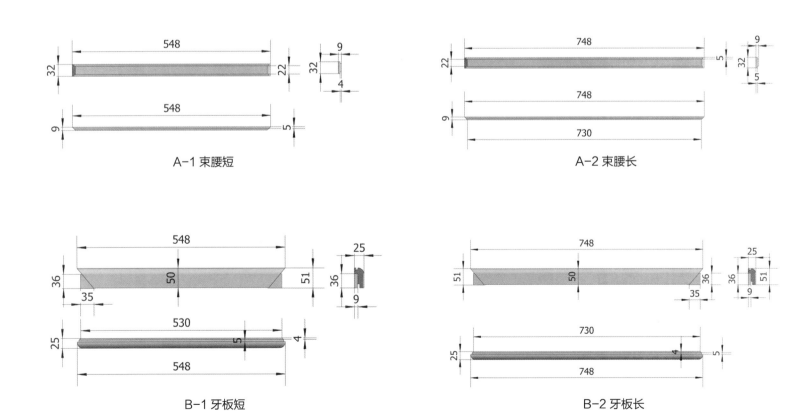

A-1 束腰短

A-2 束腰长

B-1 牙板短

B-2 牙板长

## 牙条、托泥、脚垫尺寸图解

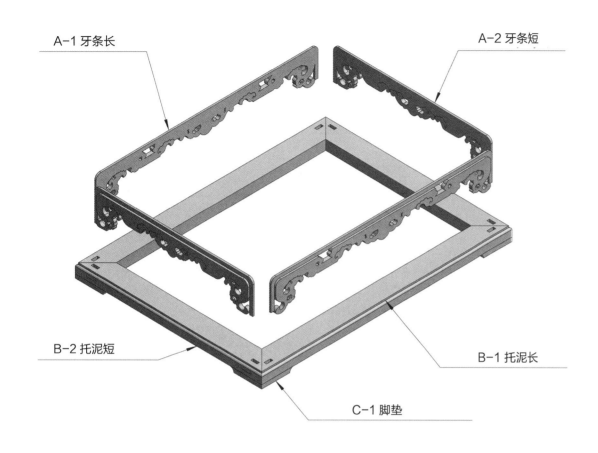

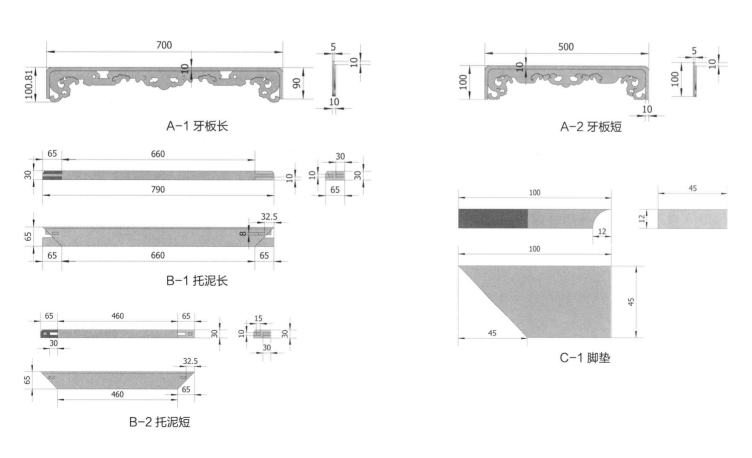

A-1 牙板长

A-2 牙板短

B-1 托泥长

B-2 托泥短

C-1 脚垫

**扶手边框尺寸图解**

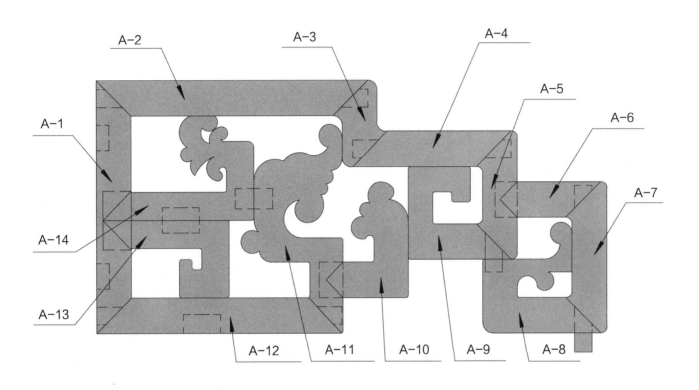

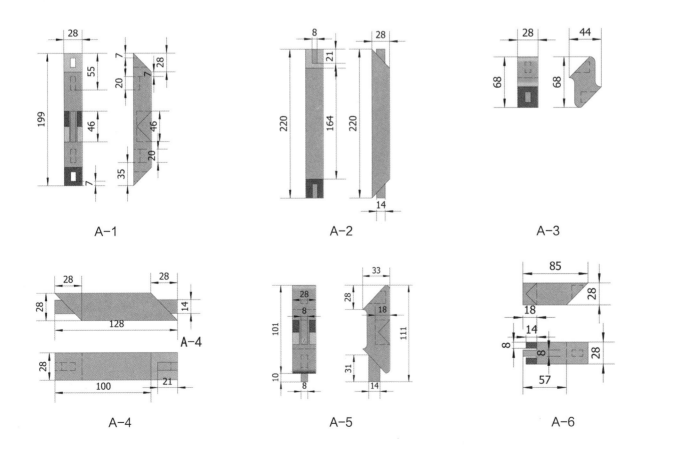

A-1

A-2

A-3

A-4

A-5

A-6

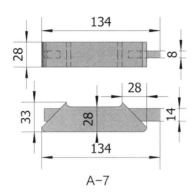

A-7

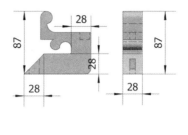

A-8

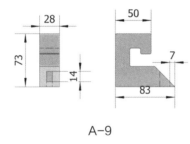

A-9

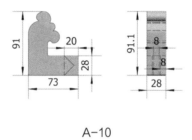

A-10

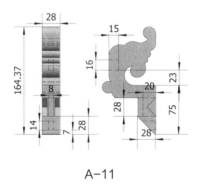

A-11

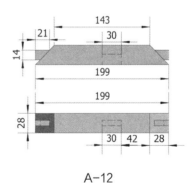

A-12

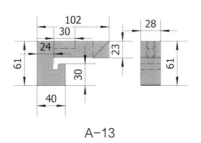

A-13

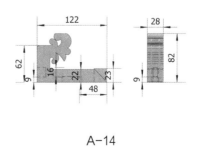

A-14

## 后背边框尺寸图解

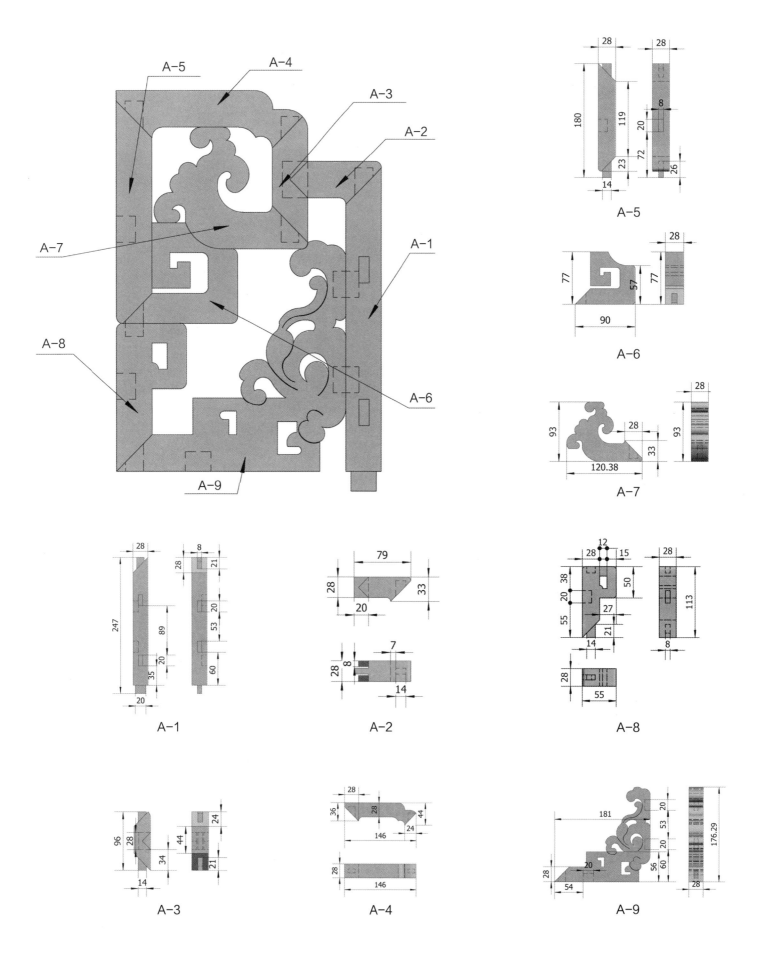

**后背靠板边框、搭脑尺寸图解**

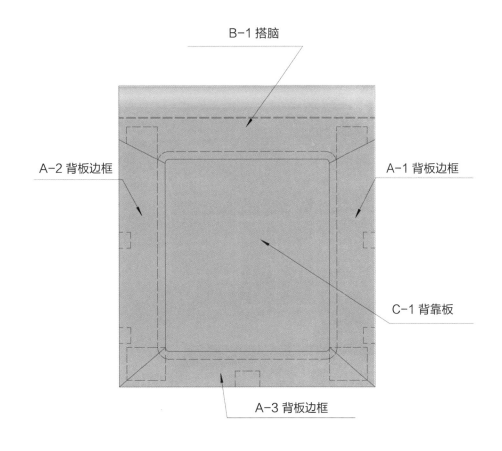

B-1 搭脑

A-2 背板边框

A-1 背板边框

C-1 背靠板

A-3 背板边框

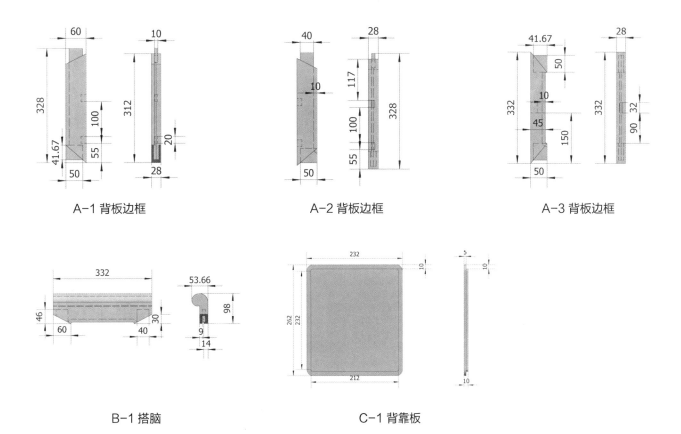

A-1 背板边框

A-2 背板边框

A-3 背板边框

B-1 搭脑

C-1 背靠板

# 方背椅

规格：615mm×470mm×925mm

本品主要构件有背板、联帮棍、大边、抹头，前腿鹅脖形，共由
37 个部件组成。

**观看视频请扫此图**

手机 QQ 扫一扫
观看 3D 结构图

全景家具图
放　置　区

## 三视图尺寸图解

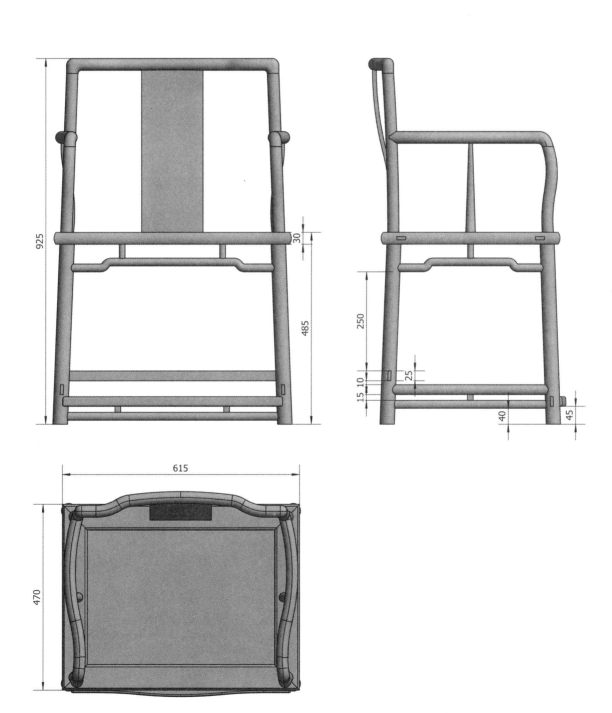

## 大边、抹头、坐板、穿带尺寸图解

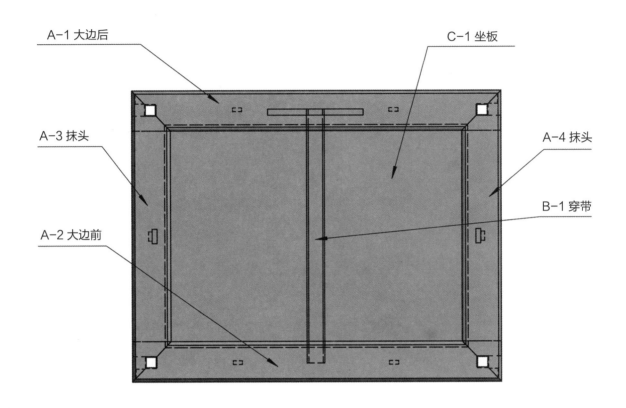

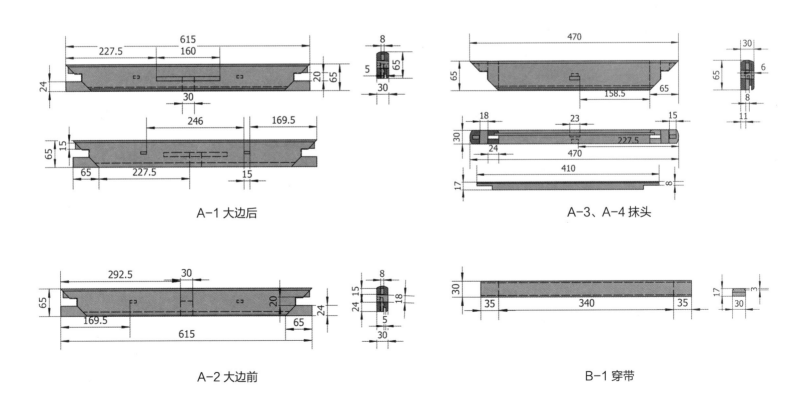

A-1 大边后

A-3、A-4 抹头

A-2 大边前

B-1 穿带

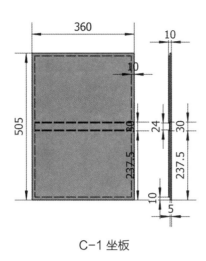

C-1 坐板

**腿尺寸图解**

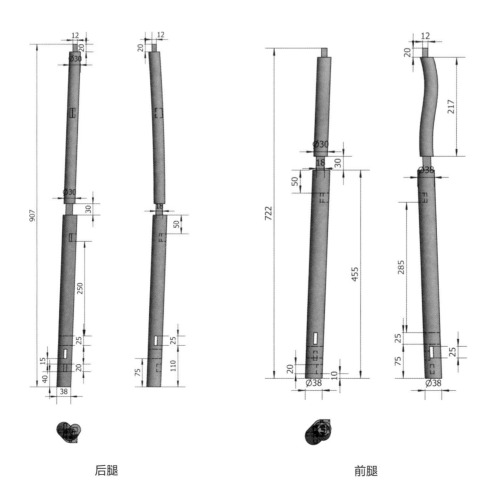

后腿　　　　　　　　　　　　前腿

## 搭脑、扶手、靠背板、联帮棍尺寸图解

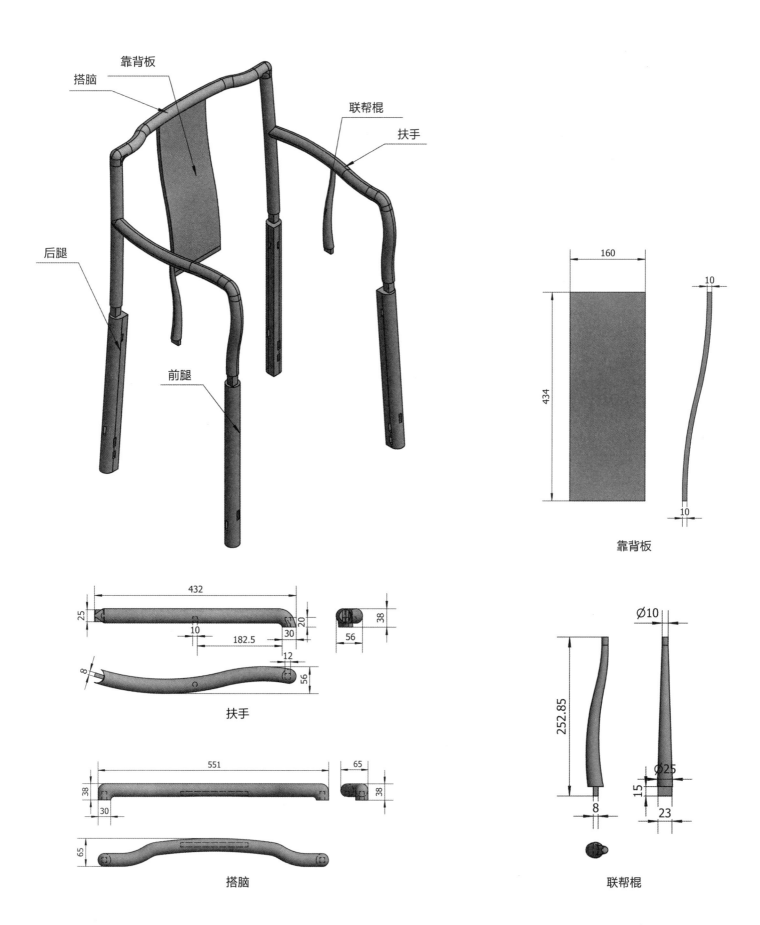

靠背板

扶手

搭脑

联帮棍

## 下横枨等尺寸图解

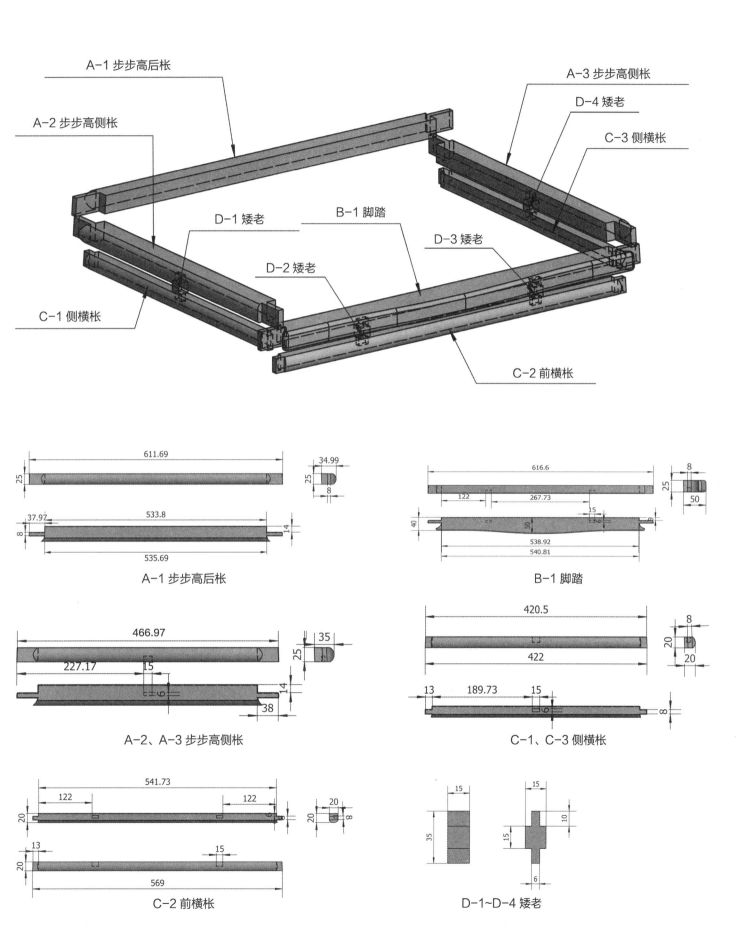

A-1 步步高后枨

A-2 步步高侧枨

A-3 步步高侧枨

D-4 矮老

C-3 侧横枨

C-1 侧横枨

D-1 矮老

B-1 脚踏

D-2 矮老

D-3 矮老

C-2 前横枨

A-1 步步高后枨

B-1 脚踏

A-2、A-3 步步高侧枨

C-1、C-3 侧横枨

C-2 前横枨

D-1~D-4 矮老

**罗锅枨、矮老尺寸图解**

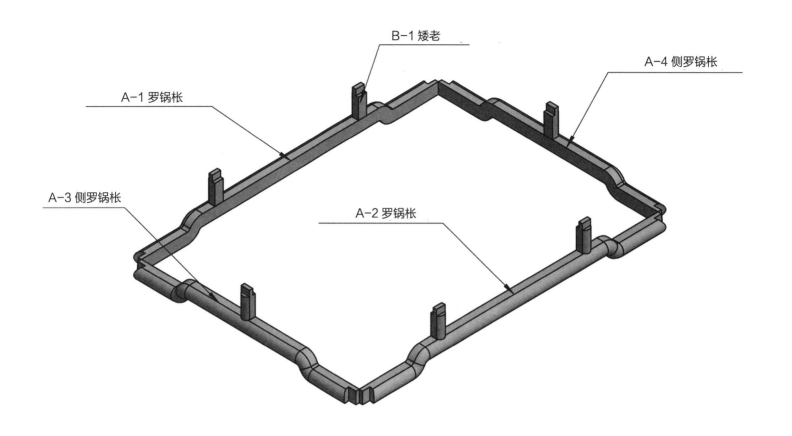

A-1 罗锅枨

B-1 矮老

A-4 侧罗锅枨

A-3 侧罗锅枨

A-2 罗锅枨

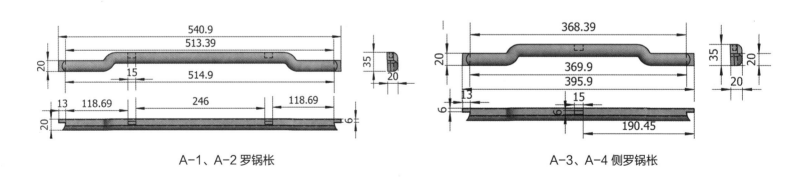

A-1、A-2 罗锅枨

A-3、A-4 侧罗锅枨

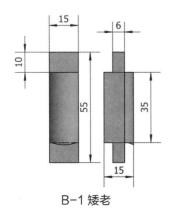

B-1 矮老

# 扶手椅

规格：530mm×420mm×810mm

此椅卷书式搭脑，靠背板分两段攒成，上开方形亮洞，锼出云头形亮脚，边框以拐子纹攒成，坐板下有束腰，腿间有横枨，内翻马蹄。此椅包含销在内共由 81 个部件连接而成。

**观看视频请扫此图**

手机 QQ 扫一扫
观看 3D 结构图

全景家具图
放 置 区

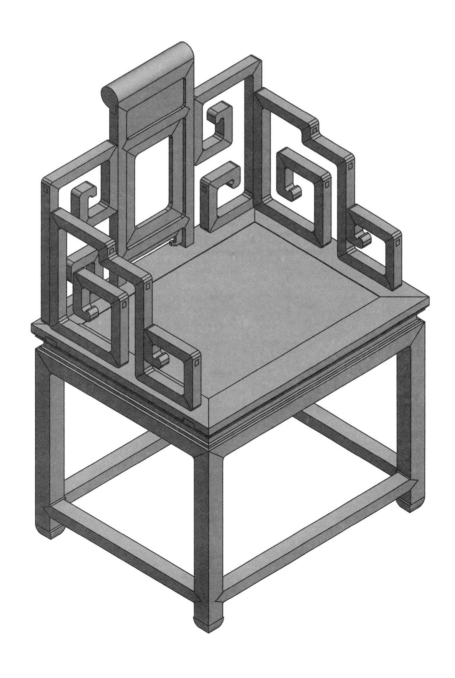

## 三视图尺寸图解

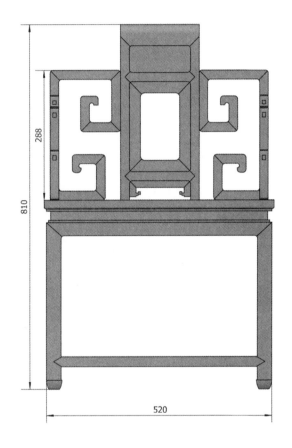

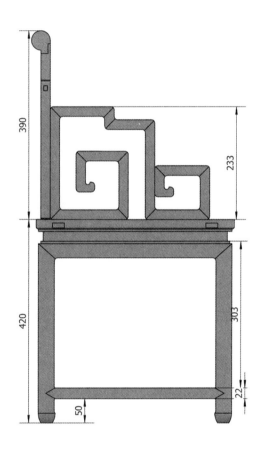

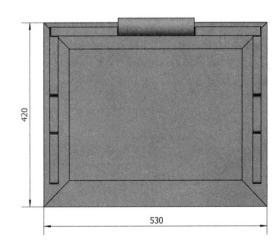

## 大边、抹头、坐板、穿带尺寸图解

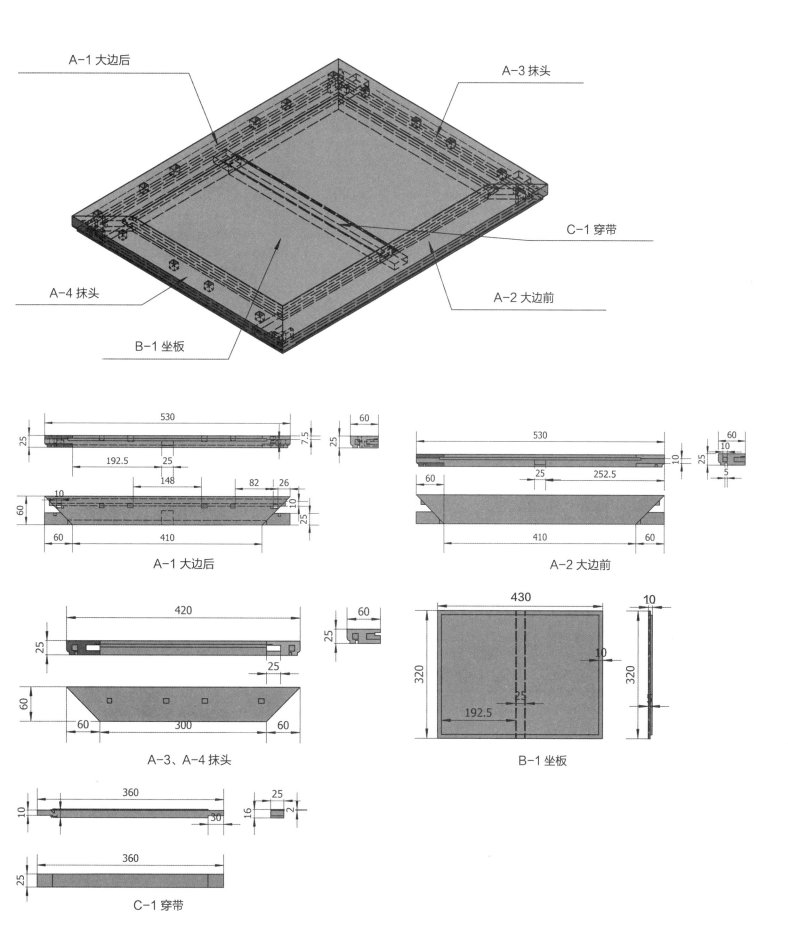

A-1 大边后

A-3 抹头

C-1 穿带

A-4 抹头

A-2 大边前

B-1 坐板

A-1 大边后

A-2 大边前

A-3、A-4 抹头

B-1 坐板

C-1 穿带

## 束腰、牙条尺寸图解

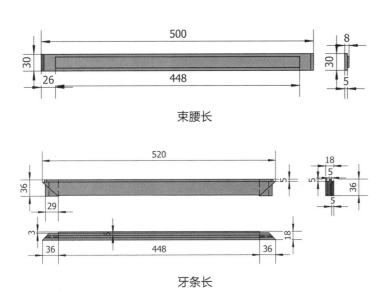

束腰长

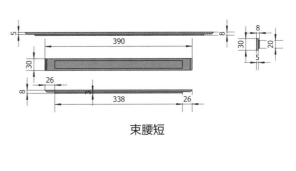

束腰短

牙条长

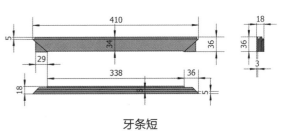

牙条短

## 腿、腿横枨尺寸图解

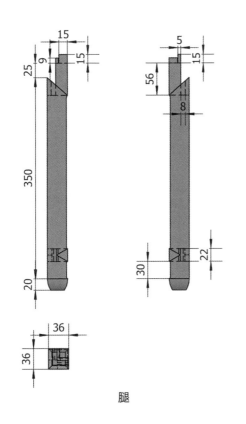

腿

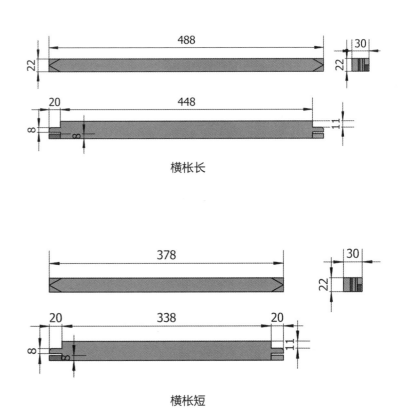

横枨长

横枨短

**扶手边框尺寸图解**

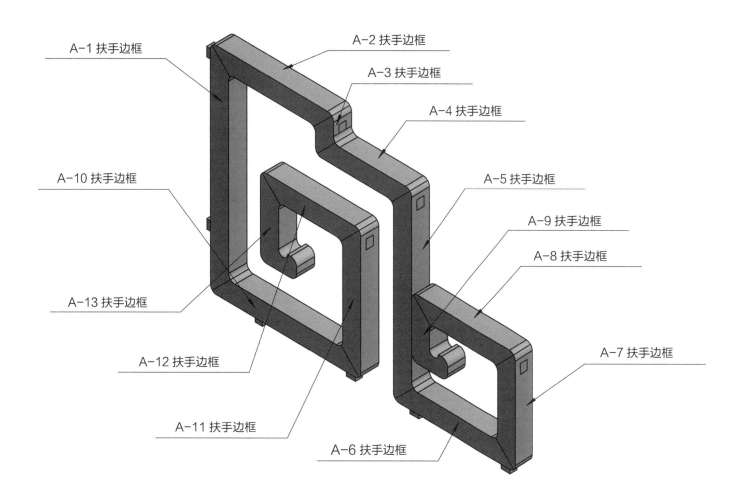

A-1 扶手边框
A-2 扶手边框
A-3 扶手边框
A-4 扶手边框
A-10 扶手边框
A-5 扶手边框
A-9 扶手边框
A-13 扶手边框
A-8 扶手边框
A-12 扶手边框
A-7 扶手边框
A-11 扶手边框
A-6 扶手边框

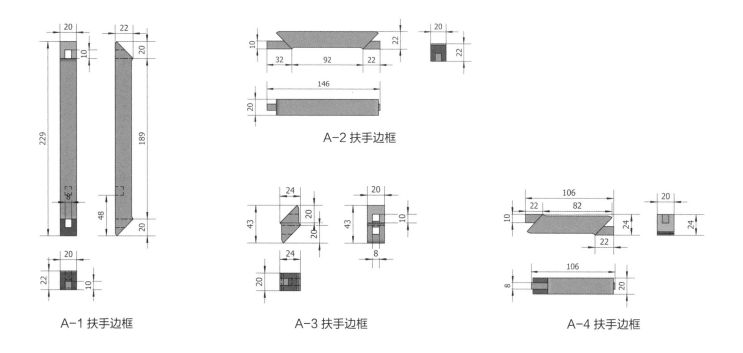

A-1 扶手边框

A-2 扶手边框

A-3 扶手边框

A-4 扶手边框

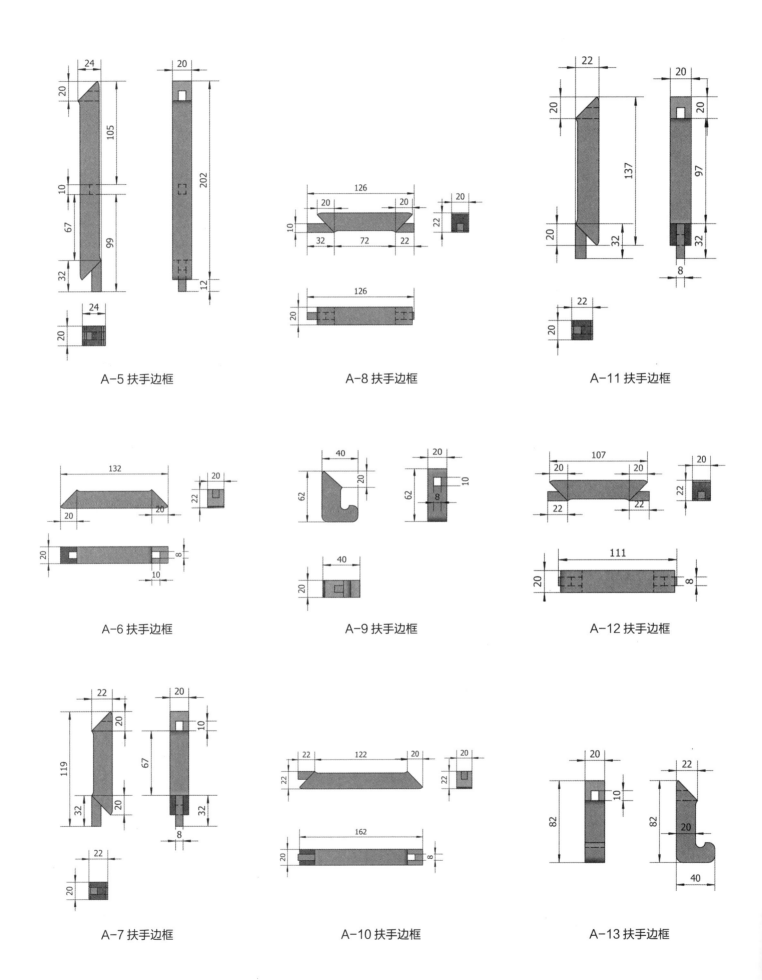

A-5 扶手边框

A-8 扶手边框

A-11 扶手边框

A-6 扶手边框

A-9 扶手边框

A-12 扶手边框

A-7 扶手边框

A-10 扶手边框

A-13 扶手边框

## 后背边框、搭脑尺寸图解

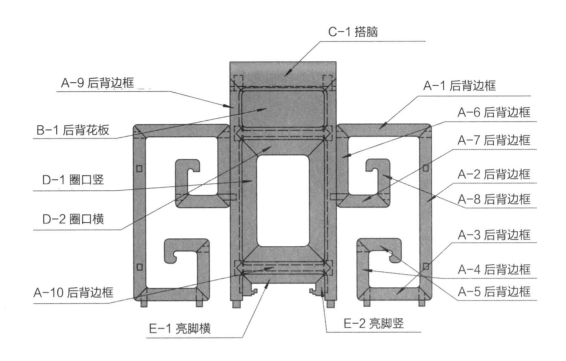

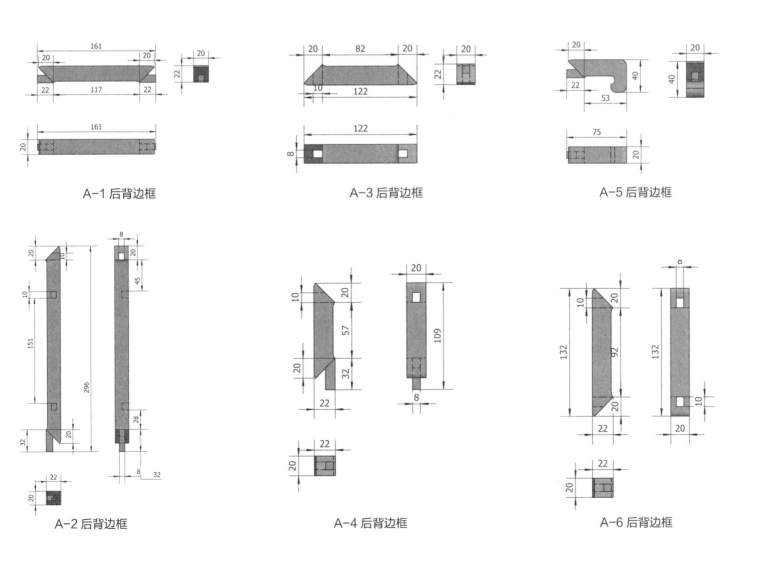

A-1 后背边框

A-3 后背边框

A-5 后背边框

A-2 后背边框

A-4 后背边框

A-6 后背边框

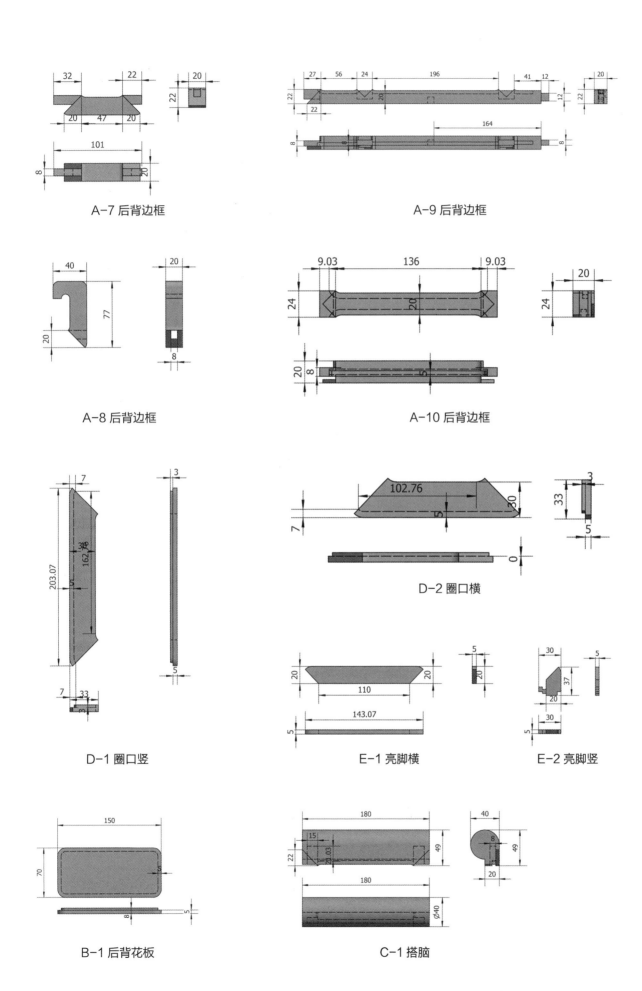

A-7 后背边框

A-9 后背边框

A-8 后背边框

A-10 后背边框

D-1 圈口竖

D-2 圈口横

E-1 亮脚横

E-2 亮脚竖

B-1 后背花板

C-1 搭脑

# 方扶手椅

规格：660mm×520mm×925mm

此椅为三屏式椅围，搭脑正中后卷，靠背、扶手均为直榫组合可以拆装；直束腰，下有托腮、牙条，正中垂洼堂肚，腿间安有四面平底枨，云头纹四足。此椅包括销共有99个部件。

**观看视频请扫此图**

手机 QQ 扫一扫
观看 3D 结构图

**全景家具图
放　置　区**

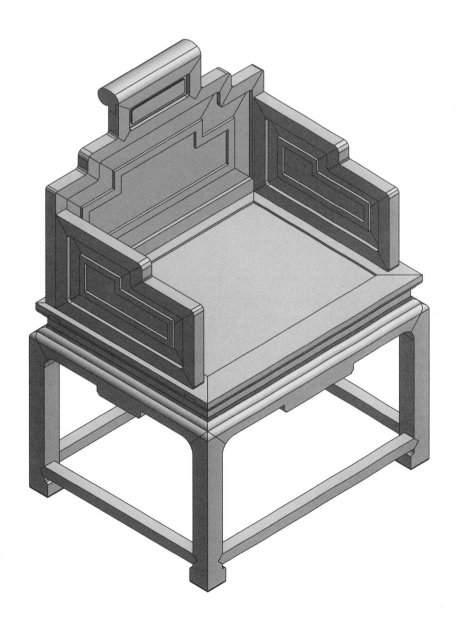

## 三视图尺寸图解

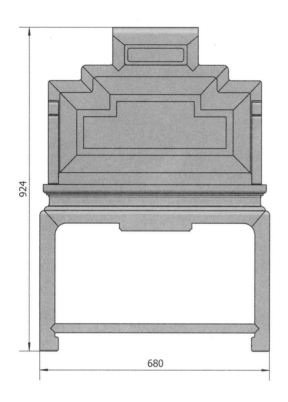

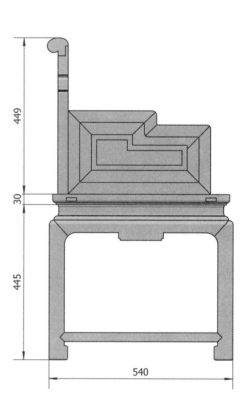

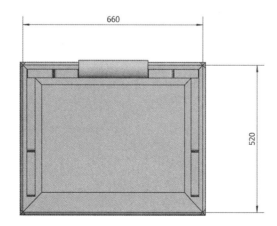

## 大边、抹头、坐板、穿带尺寸图解

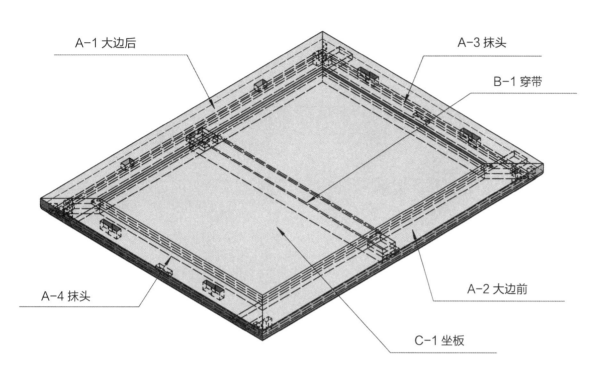

A-1 大边后

A-3 抹头

B-1 穿带

A-4 抹头

A-2 大边前

C-1 坐板

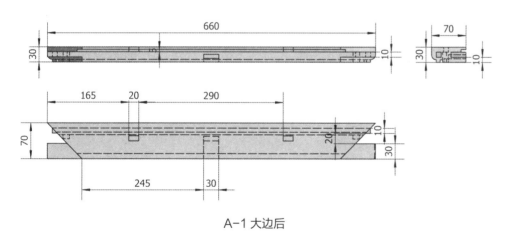

A-1 大边后

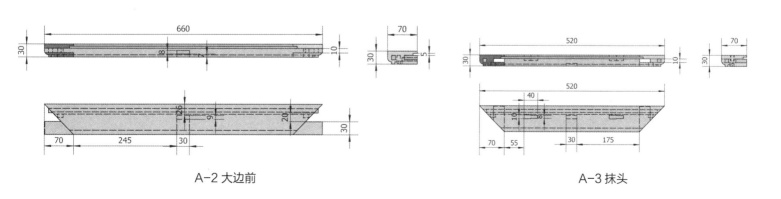

A-2 大边前

A-3 抹头

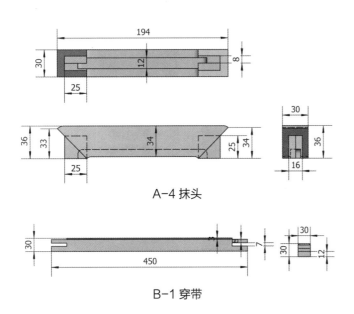

A-4 抹头

B-1 穿带

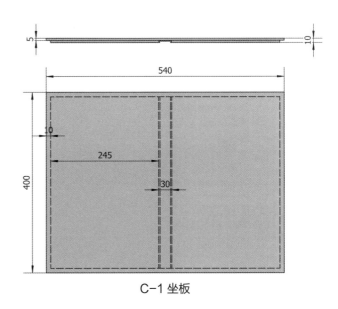

C-1 坐板

## 束腰、压线、牙板尺寸图解

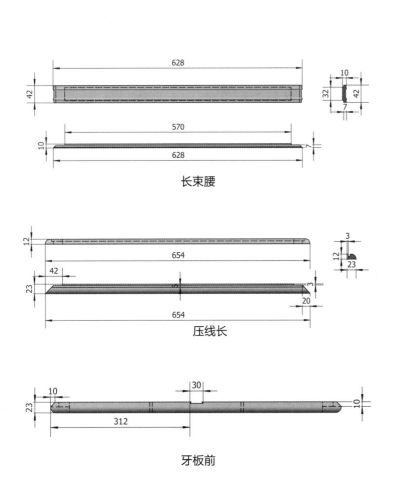

长束腰

压线长

牙板前

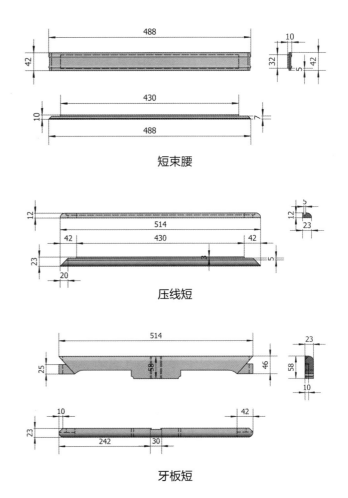

短束腰

压线短

牙板短

## 扶手尺寸图解

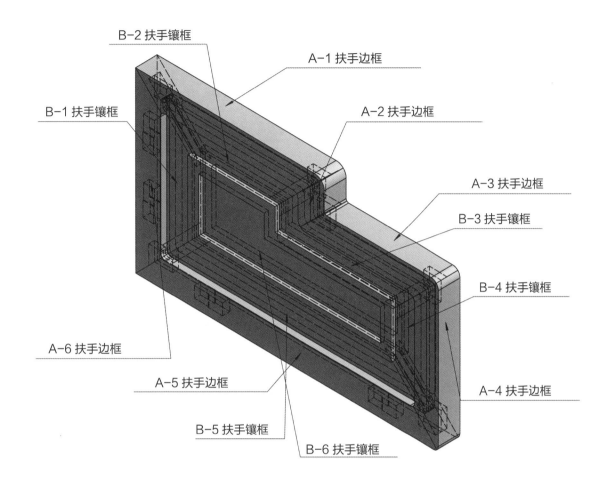

B-2 扶手镶框
A-1 扶手边框
B-1 扶手镶框
A-2 扶手边框
A-3 扶手边框
B-3 扶手镶框
B-4 扶手镶框
A-6 扶手边框
A-5 扶手边框
A-4 扶手边框
B-5 扶手镶框
B-6 扶手镶框

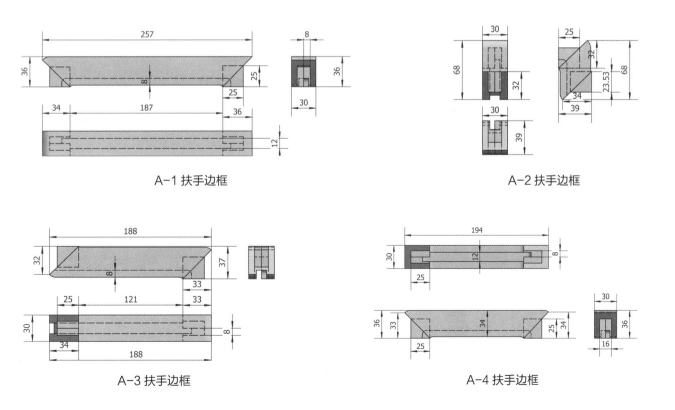

A-1 扶手边框

A-2 扶手边框

A-3 扶手边框

A-4 扶手边框

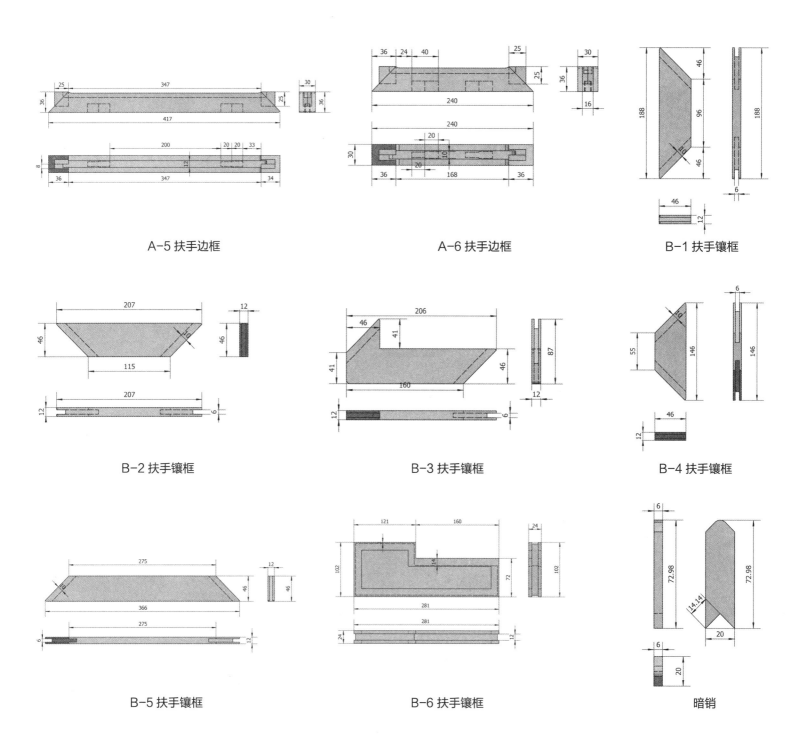

A-5 扶手边框

A-6 扶手边框

B-1 扶手镶框

B-2 扶手镶框

B-3 扶手镶框

B-4 扶手镶框

B-5 扶手镶框

B-6 扶手镶框

暗销

## 脚枨、腿尺寸图解

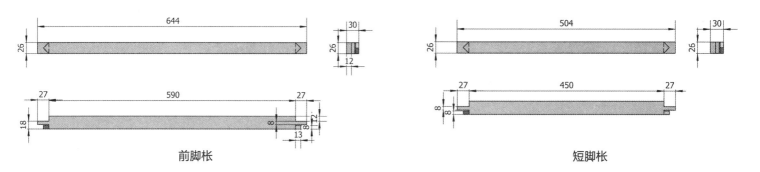

前脚枨

短脚枨

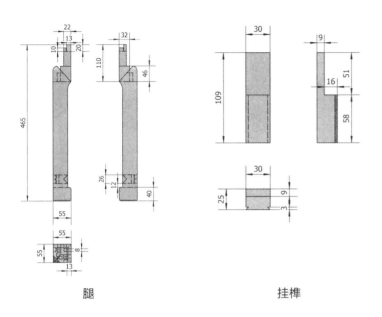

腿　　　　　　　　　　挂榫

**后背边框尺寸图解**

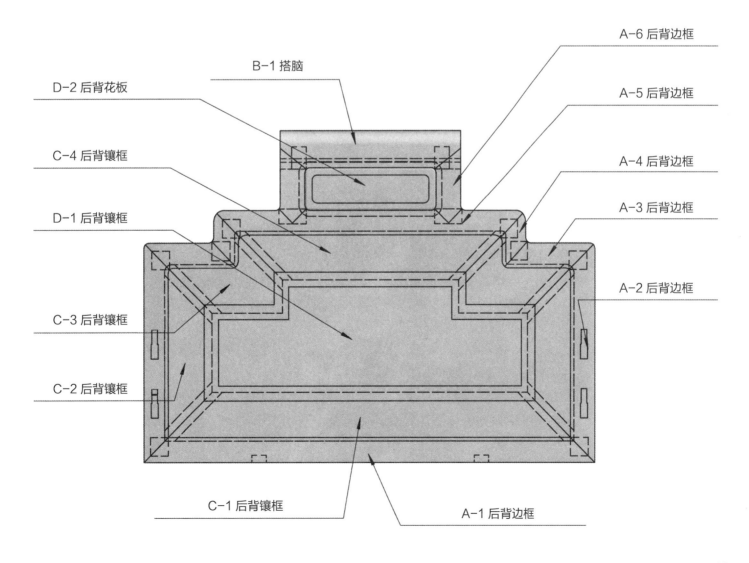

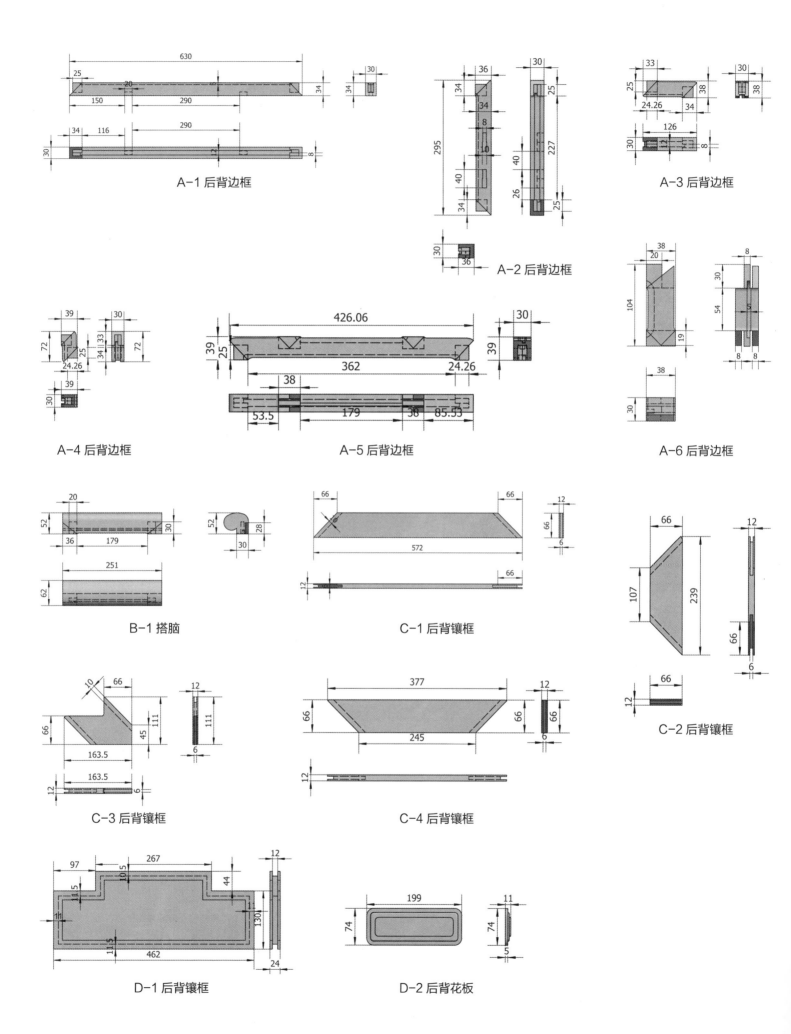

A-1 后背边框

A-2 后背边框

A-3 后背边框

A-4 后背边框

A-5 后背边框

A-6 后背边框

B-1 搭脑

C-1 后背镶框

C-2 后背镶框

C-3 后背镶框

C-4 后背镶框

D-1 后背镶框

D-2 后背花板

# 福寿花篮椅

规格：650mm×510mm×1080mm

本品上半部由拐子纹攒接而成，下面由脚横枨、角牙等组成，包含销共有

126 个部件组件，边框与大边销可做走马销。

观看视频请扫此图

手机 QQ 扫一扫
观看 3D 结构图

全景家具图
放　置　区

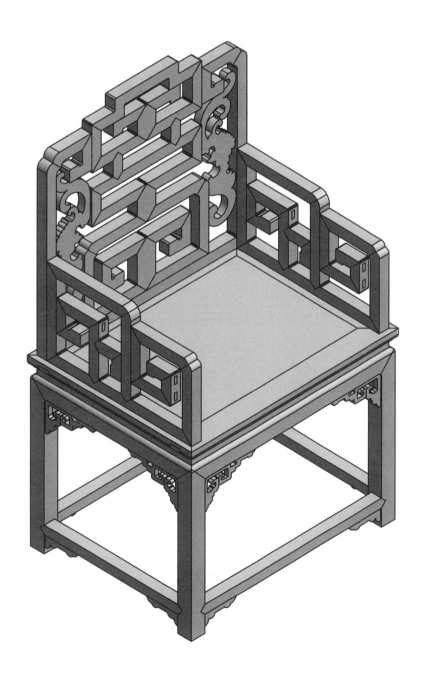

## 大边、抹头、坐板、穿带尺寸图解

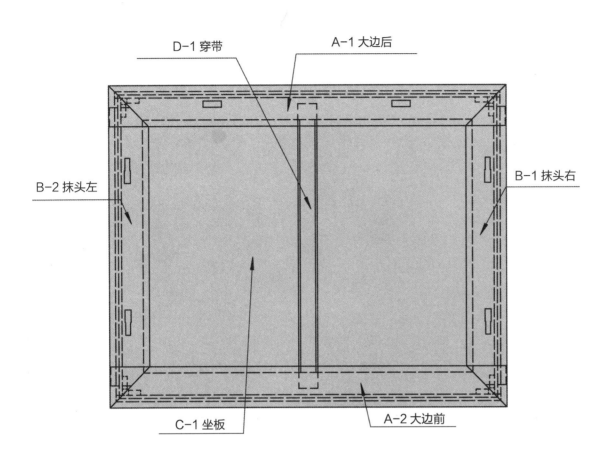

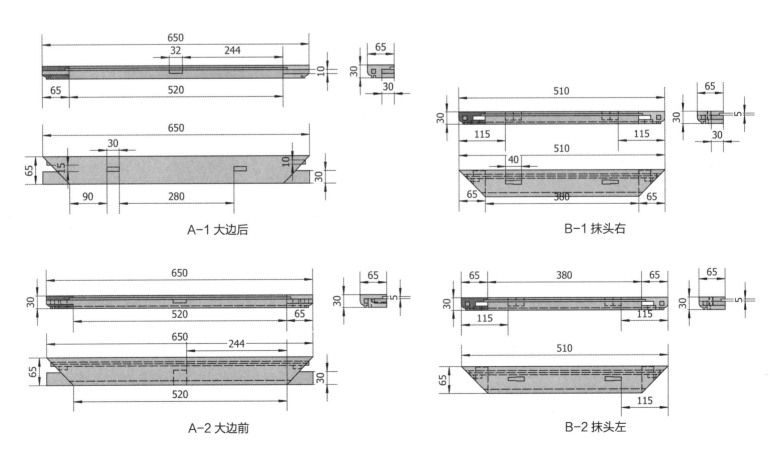

A-1 大边后

B-1 抹头右

A-2 大边前

B-2 抹头左

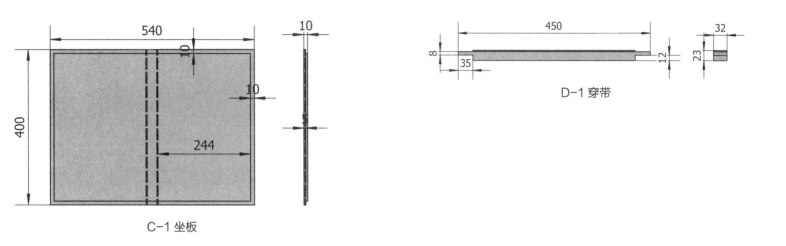

C-1 坐板

D-1 穿带

## 束腰、牙板、上角牙、下角牙、腿、下横枨尺寸图解

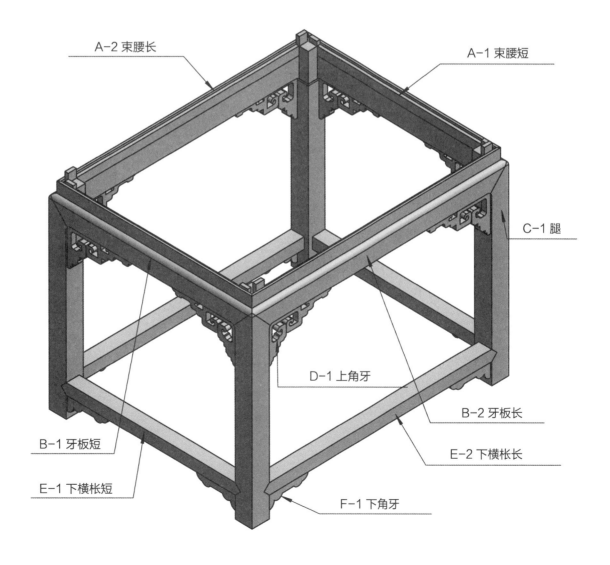

A-2 束腰长

A-1 束腰短

C-1 腿

D-1 上角牙

B-2 牙板长

B-1 牙板短

E-2 下横枨长

E-1 下横枨短

F-1 下角牙

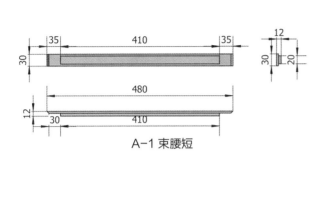

A-1 束腰短

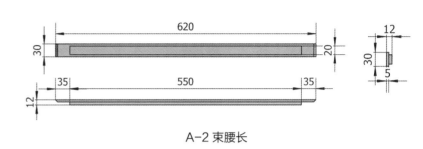

A-2 束腰长

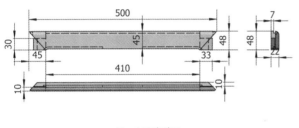

B-1 牙板短

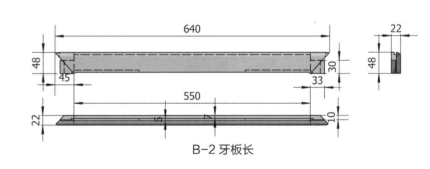

B-2 牙板长

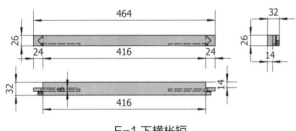

E-1 下横枨短

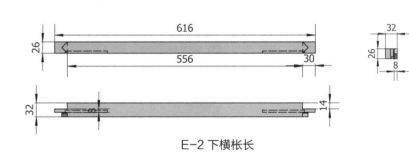

E-2 下横枨长

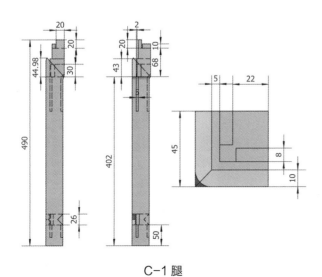

C-1 腿

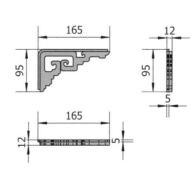

D-1 上角牙

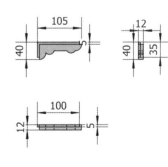

F-1 下角牙

**扶手边框尺寸图解**

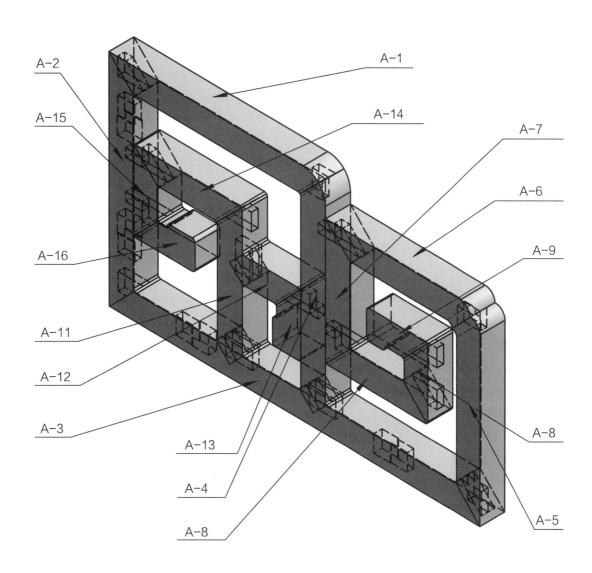

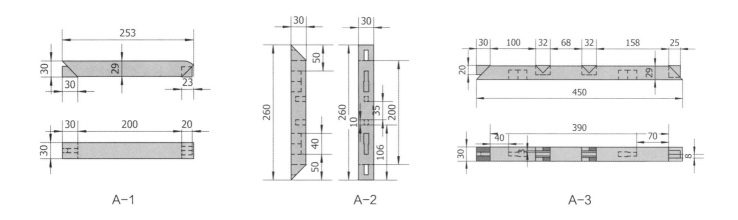

A-1

A-2

A-3

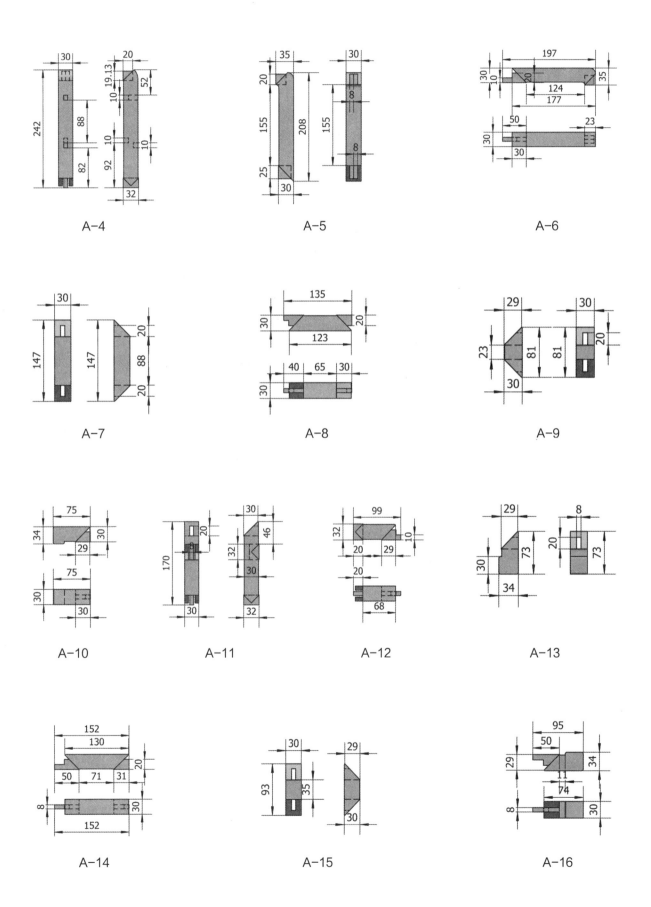

A-4

A-5

A-6

A-7

A-8

A-9

A-10

A-11

A-12

A-13

A-14

A-15

A-16

## 后背边框尺寸图解

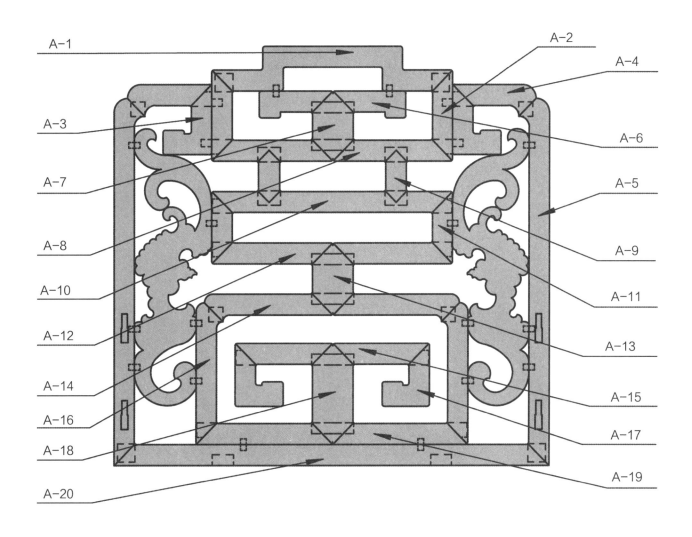

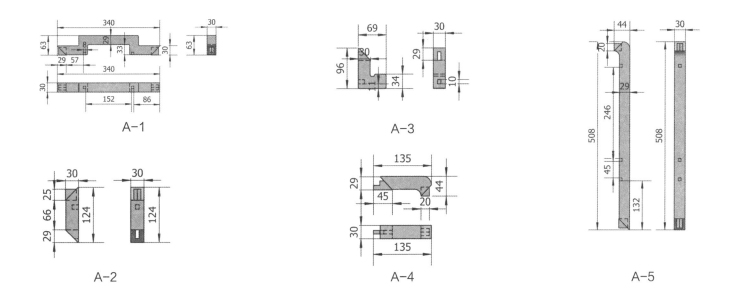

A-1

A-2

A-3

A-4

A-5

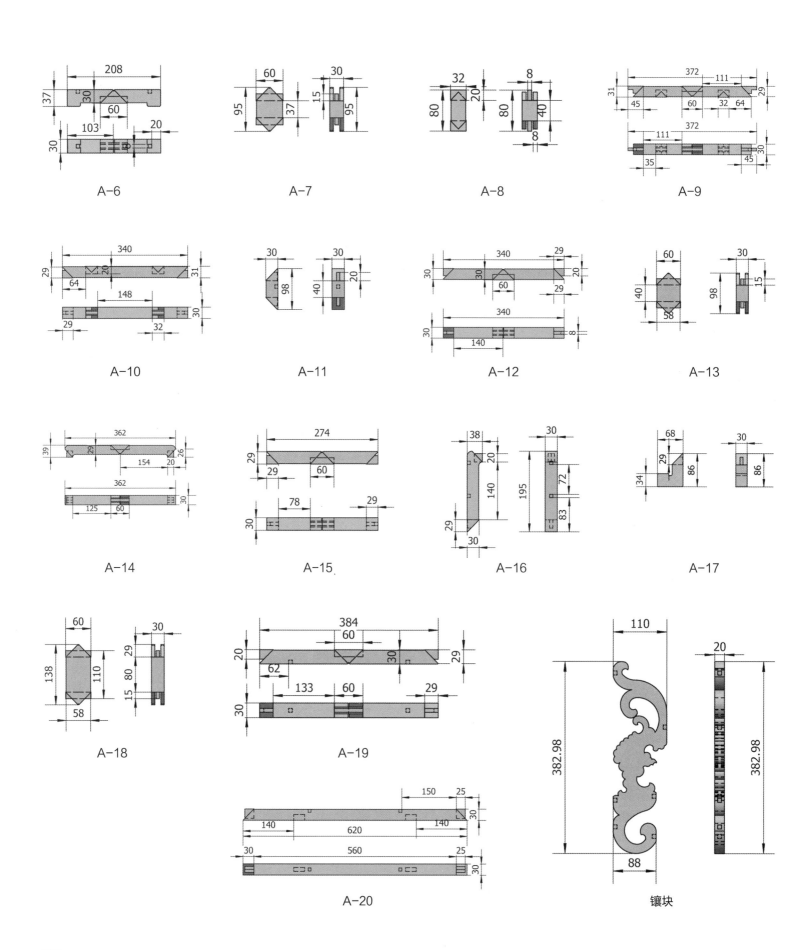

A-6

A-7

A-8

A-9

A-10

A-11

A-12

A-13

A-14

A-15

A-16

A-17

A-18

A-19

A-20

镶块

# 玫瑰椅

规格：595mm×454mm×930mm

本品由连销在内的 74 个部件组装而成，有大边、坐板、腿罗锅枨、脚枨等组成。

**观看视频请扫此图**

手机 QQ 扫一扫
观看 3D 结构图

全景家具图
放 置 区

**三视图尺寸图解**

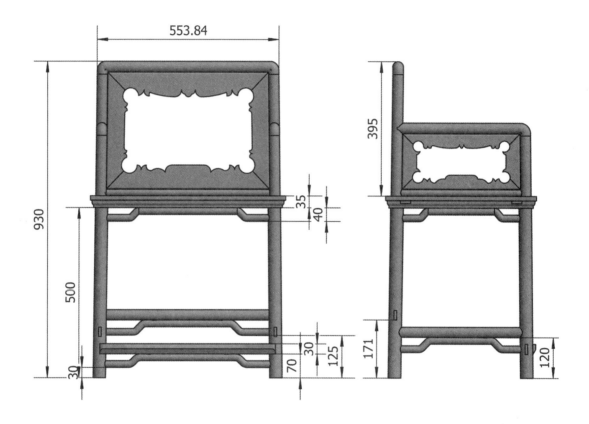

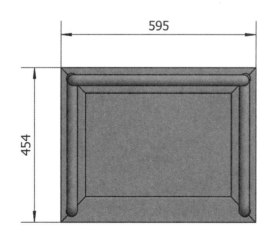

## 大边、抹头、坐板、穿带尺寸图解

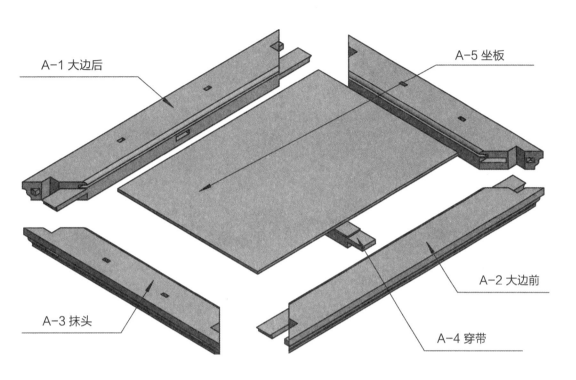

A-1 大边后

A-5 坐板

A-3 抹头

A-2 大边前

A-4 穿带

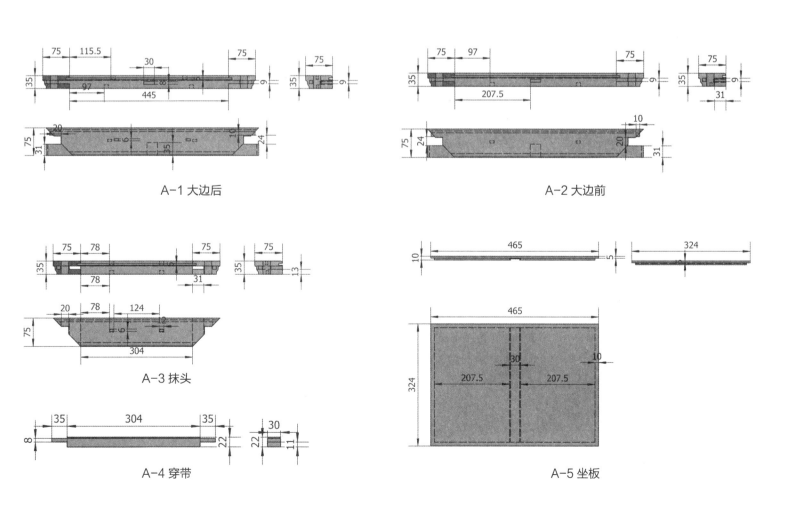

A-1 大边后

A-2 大边前

A-3 抹头

A-4 穿带

A-5 坐板

## 搭脑、腿、券口尺寸图解

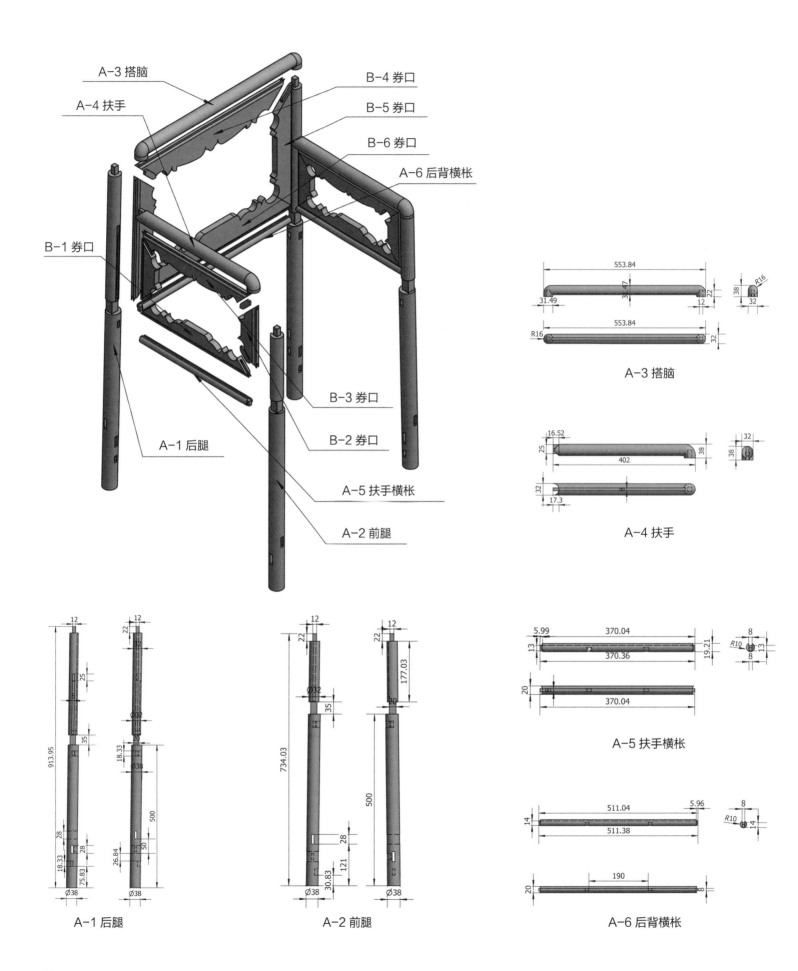

A-3 搭脑
A-4 扶手
B-4 券口
B-5 券口
B-6 券口
A-6 后背横枨
B-1 券口
B-3 券口
B-2 券口
A-1 后腿
A-5 扶手横枨
A-2 前腿

A-3 搭脑

A-4 扶手

A-5 扶手横枨

A-6 后背横枨

A-1 后腿

A-2 前腿

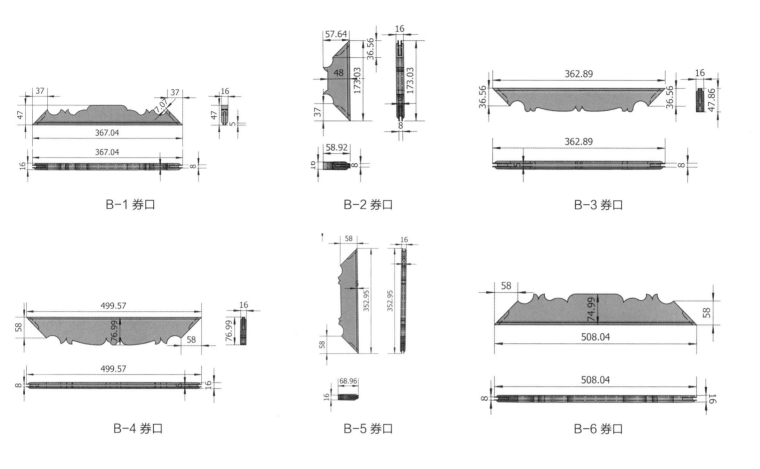

B-1 券口

B-2 券口

B-3 券口

B-4 券口

B-5 券口

B-6 券口

**罗锅枨，脚枨尺寸图解**

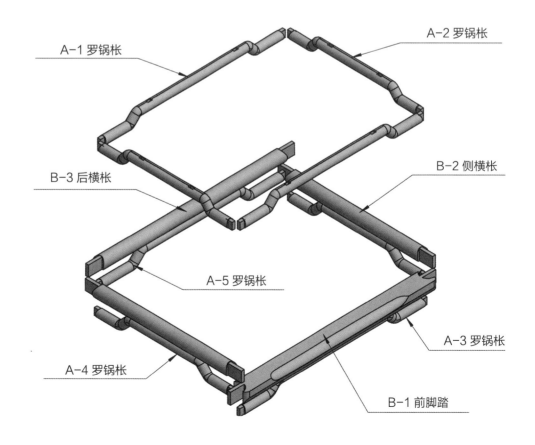

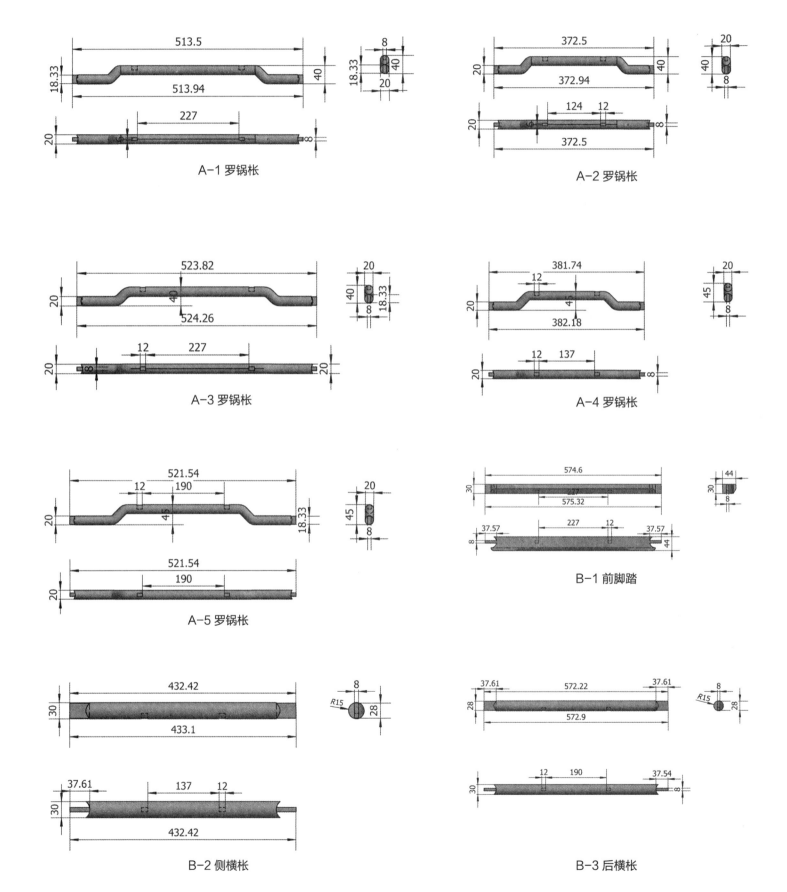

A-1 罗锅枨

A-2 罗锅枨

A-3 罗锅枨

A-4 罗锅枨

A-5 罗锅枨

B-1 前脚踏

B-2 侧横枨

B-3 后横枨

# 皇宫圈椅

规格：630mm×500mm×990mm

皇宫圈椅是中华民族木制家具文化的杰出代表，其制作要求较为严格，全部运用榫接结构，环环相扣。雕刻部分要求精美而不影响人体的舒适度，端坐其上，尽显主人"内圣外王"的非凡气度。

皇宫圈椅一改明代的传统状态，保留圈椅原本体态秀丽、造型洗练、形象淳朴的"书卷气"的同时，为了彰显权力，追求华丽、威严和气派，在器形和韵味上也进行了改革。线条和靠背更加平直，靠背与坐面更为垂直，坐面下增加束腰，椅腿下端加入托泥。

**观看视频请扫此图**

手机 QQ 扫一扫
观看 3D 结构图

**全景家具图**
**放 置 区**

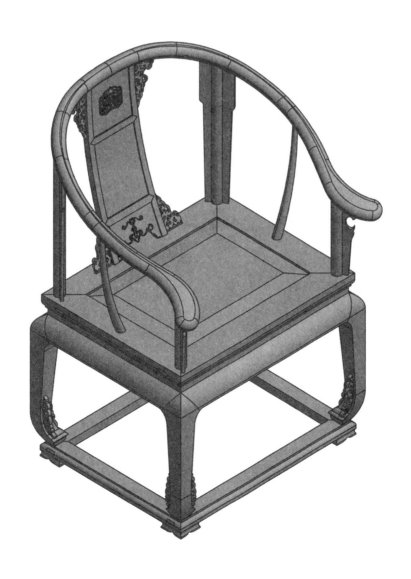

**三视图尺寸图解**

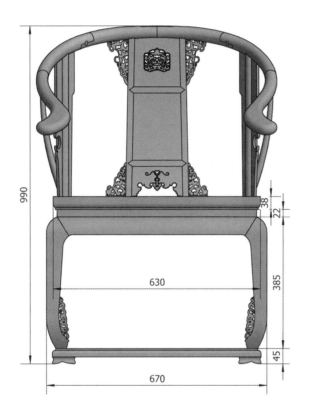

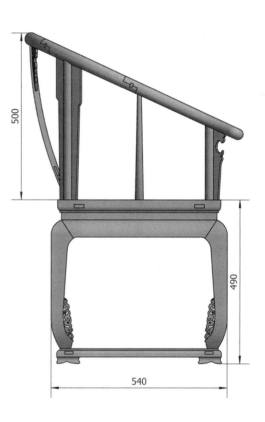

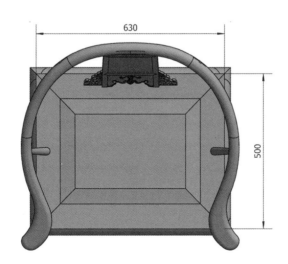

## 大边、抹头、坐板、穿带尺寸图解

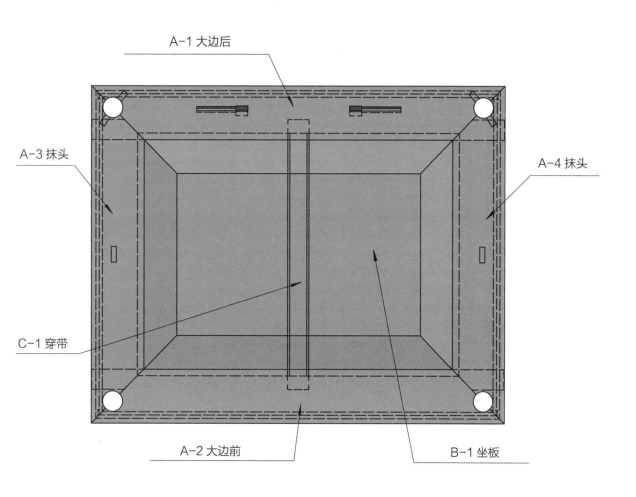

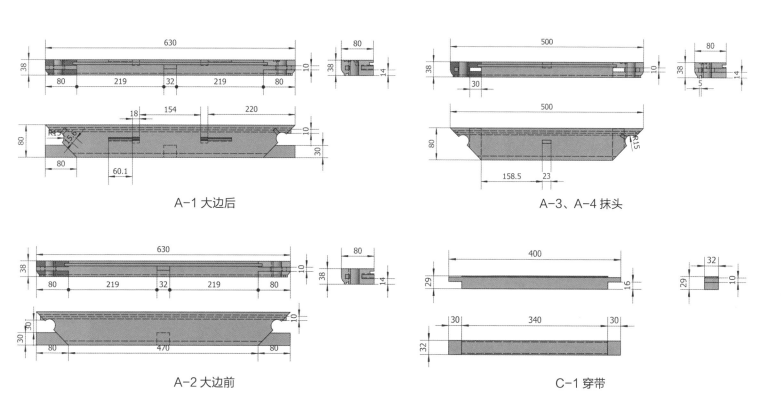

A-1 大边后

A-3、A-4 抹头

A-2 大边前

C-1 穿带

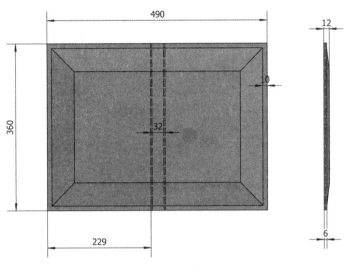

B-1 坐板

## 束腰尺寸图解

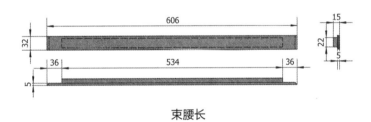

束腰长

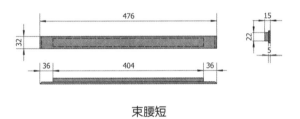

束腰短

## 牙板尺寸图解

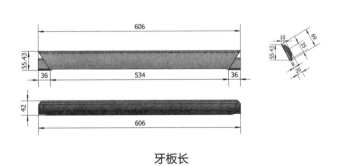

牙板长

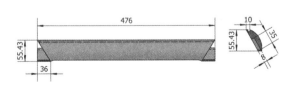

牙板短

## 腿部尺寸图解

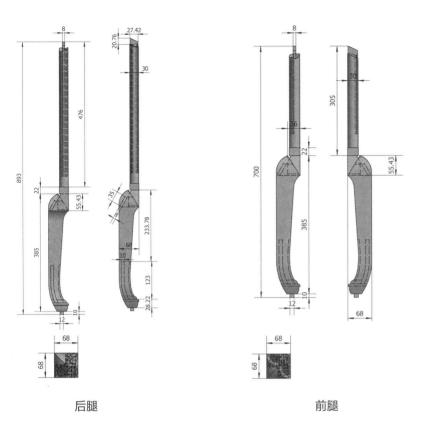

后腿　　　　　　　　　　　前腿

## 圈椅尺寸图解

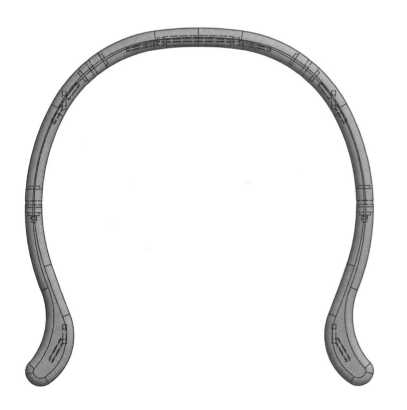

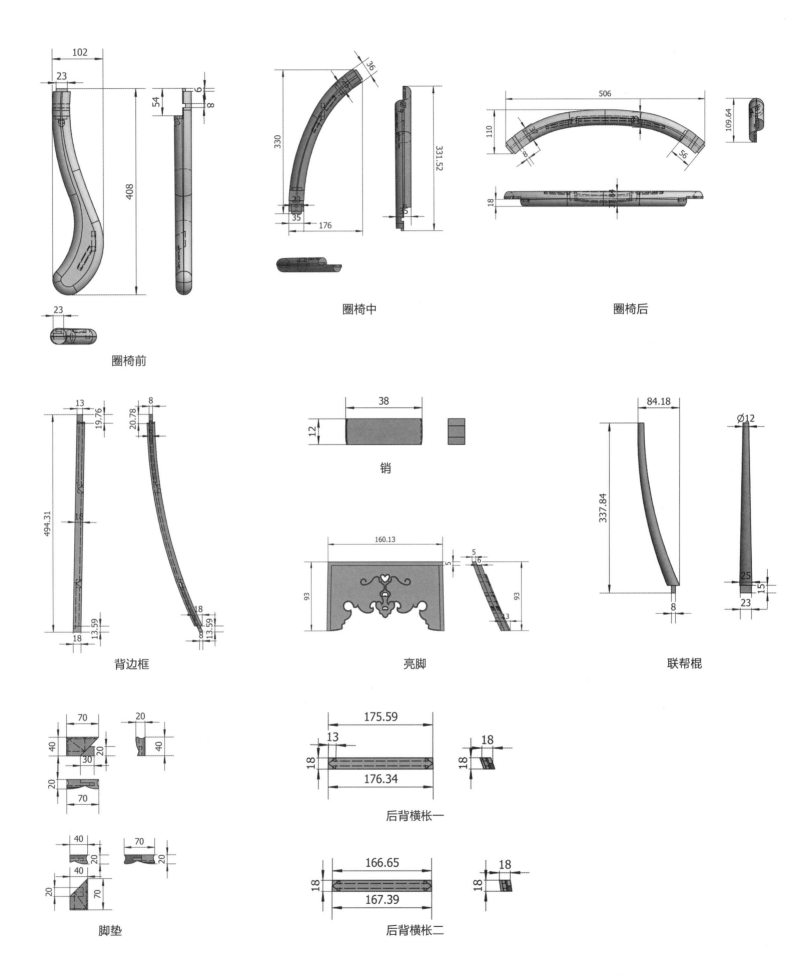

圈椅前

圈椅中

圈椅后

背边框

销

亮脚

联帮棍

脚垫

后背横枨一

后背横枨二

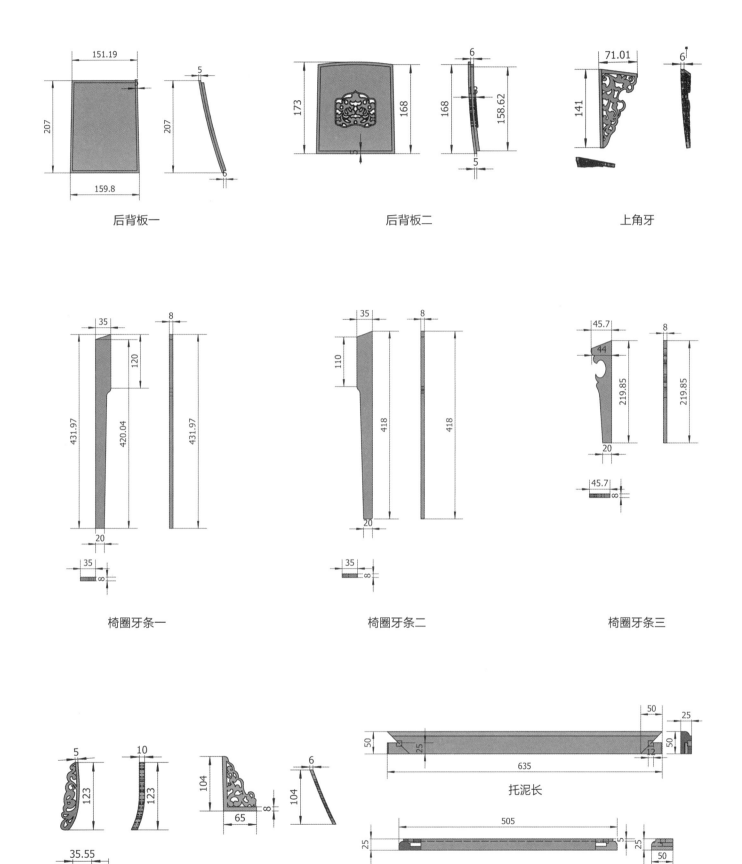

后背板一

后背板二

上角牙

椅圈牙条一

椅圈牙条二

椅圈牙条三

下脚牙

下角牙

托泥长

托泥短

# 明式小圈椅

规格：610mm × 480mm × 998mm

本品由 39 个部件组装而成，格局上曲下直，天圆地方。

观看视频请扫此图

手机 QQ 扫一扫
观看 3D 结构图

全景家具图
放 置 区

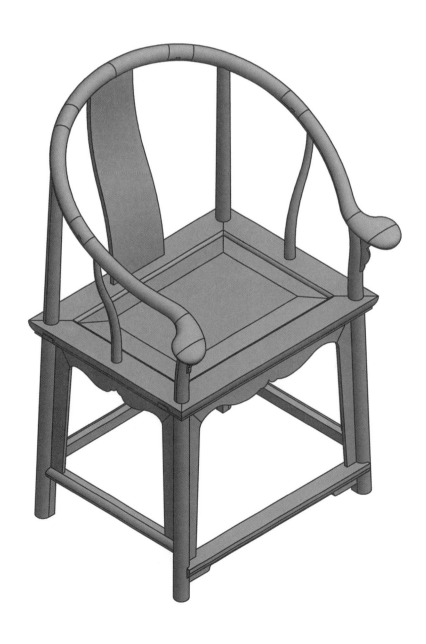

**三视图尺寸图解**

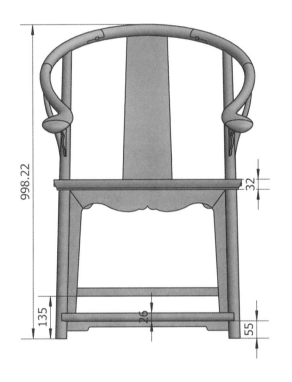

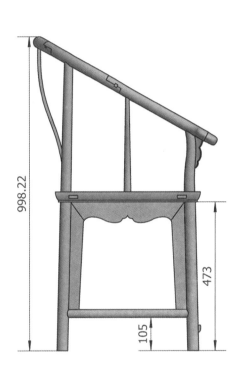

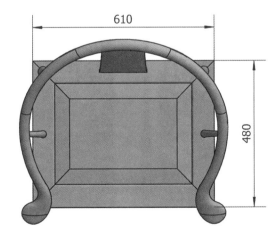

## 大边、抹头、坐板、穿带尺寸图解

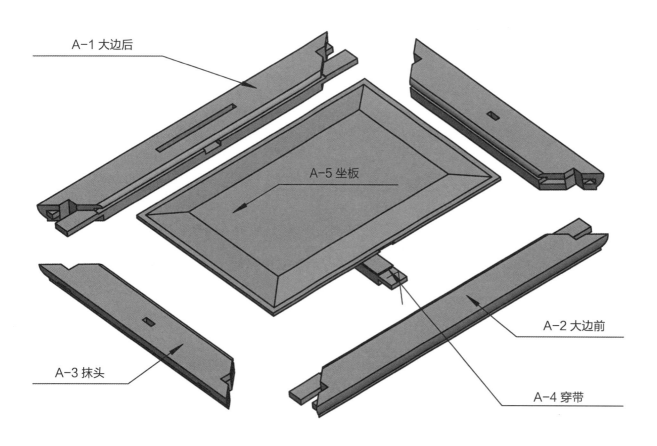

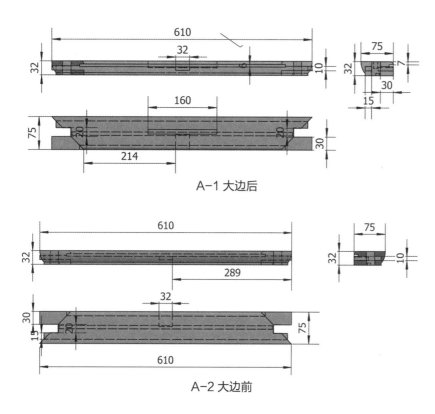

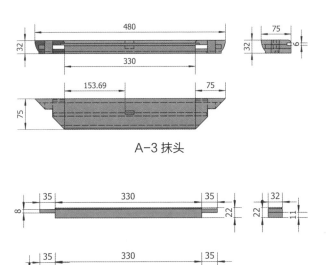

A-3 抹头

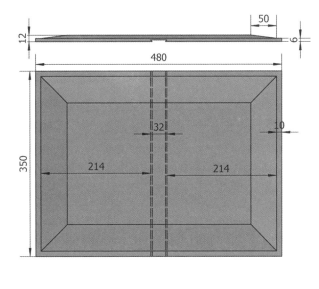

A-5 坐板

A-4 穿带

## 背板、联帮棍、角牙尺寸图解

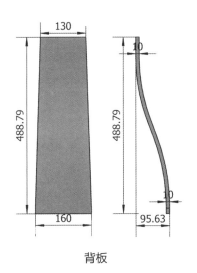

背板

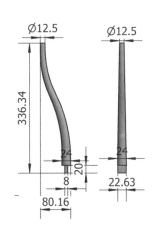

联帮棍

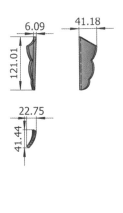

角牙

## 圈椅尺寸图解

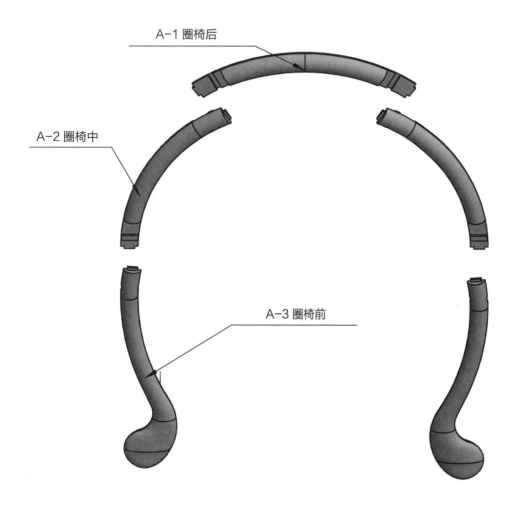

A-1 圈椅后

A-2 圈椅中

A-3 圈椅前

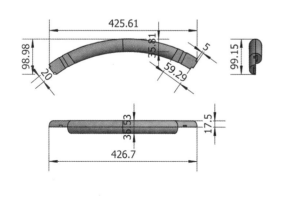

A-1 圈椅后

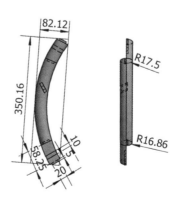

A-2 圈椅中

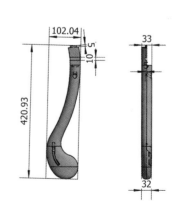

A-3 圈椅前

## 腿、脚枨、券口、压条尺寸图解

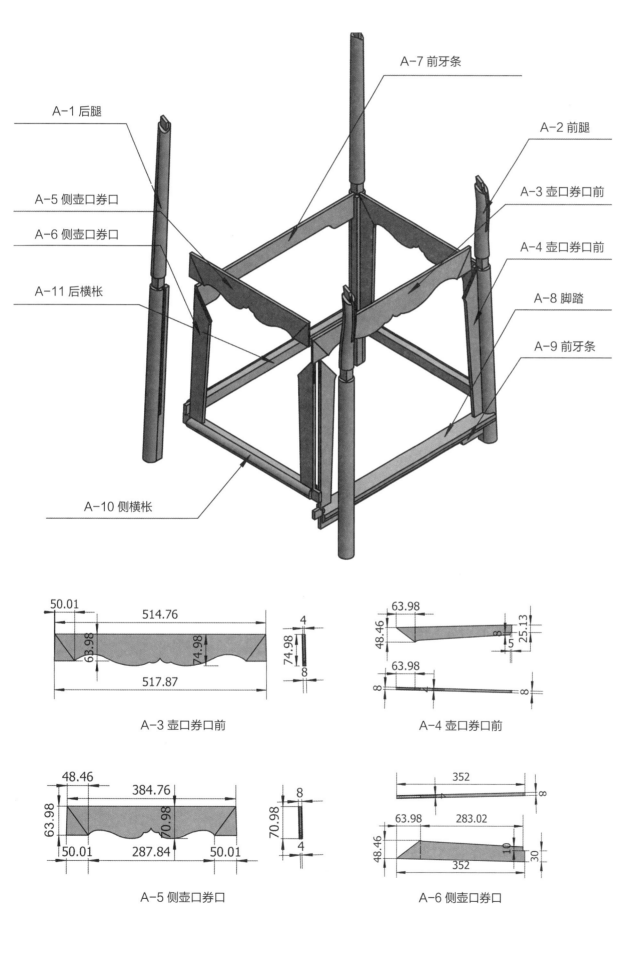

A-7 前牙条

A-1 后腿

A-2 前腿

A-5 侧壶口券口

A-3 壶口券口前

A-6 侧壶口券口

A-4 壶口券口前

A-11 后横枨

A-8 脚踏

A-9 前牙条

A-10 侧横枨

A-3 壶口券口前

A-4 壶口券口前

A-5 侧壶口券口

A-6 侧壶口券口

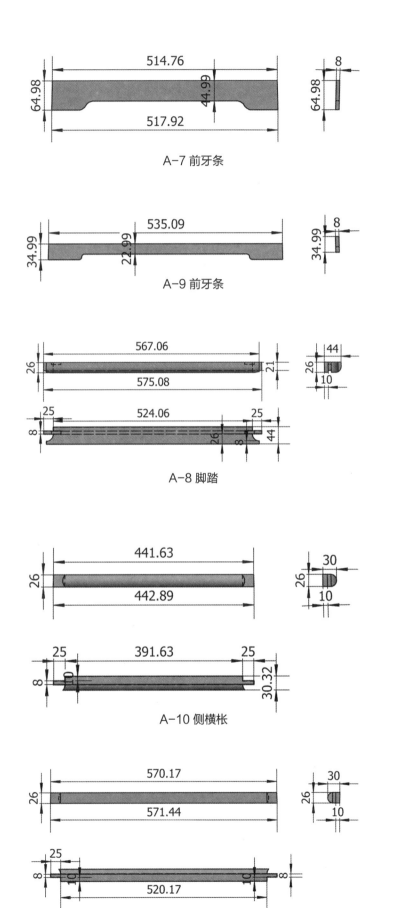

A-7 前牙条

A-9 前牙条

A-8 脚踏

A-10 侧横枨

A-11 后横枨

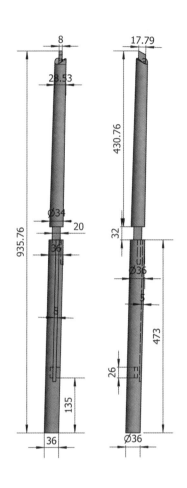

A-1 后腿

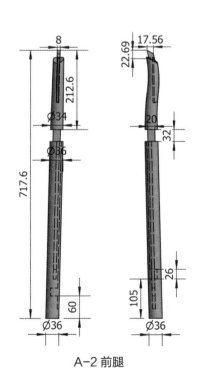

A-2 前腿

# 福庆纹拐子扶手椅

规格：650mm×510mm×1050mm

本品有拐子纹扶手和靠背，下有束腰、压线、牙板、托泥，共有部件 142 件。

**观看视频请扫此图**

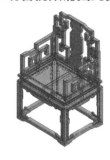

手机 QQ 扫一扫
观看 3D 结构图

**全景家具图
放 置 区**

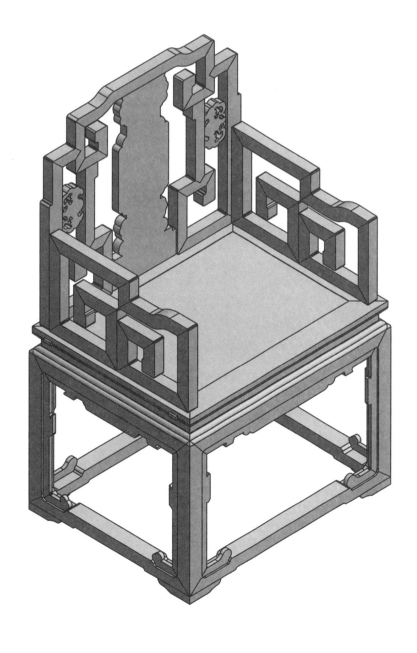

## 三视图尺寸图解

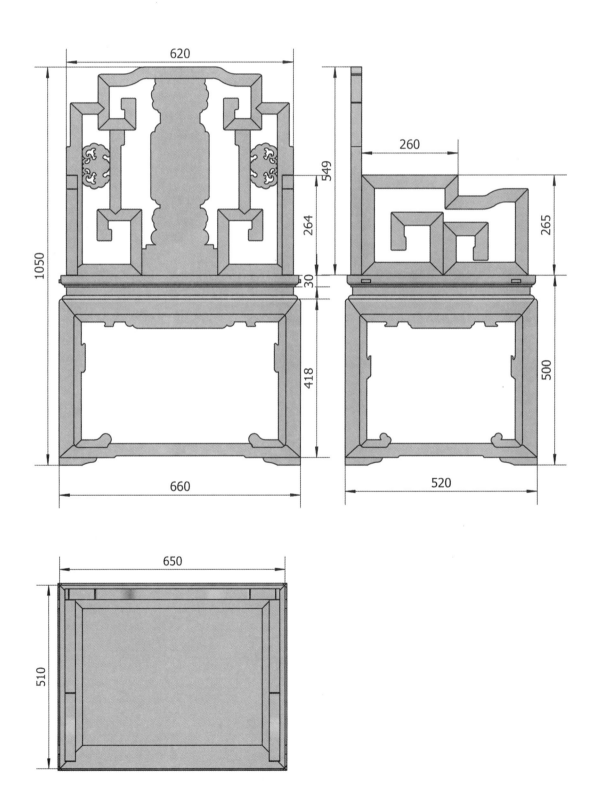

## 大边、抹头、坐板、穿带尺寸图解

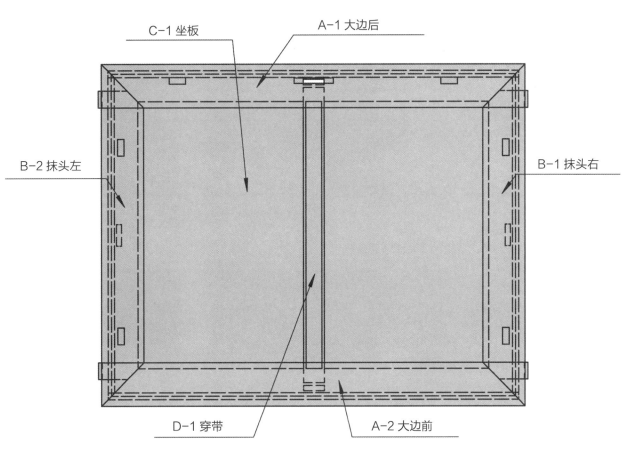

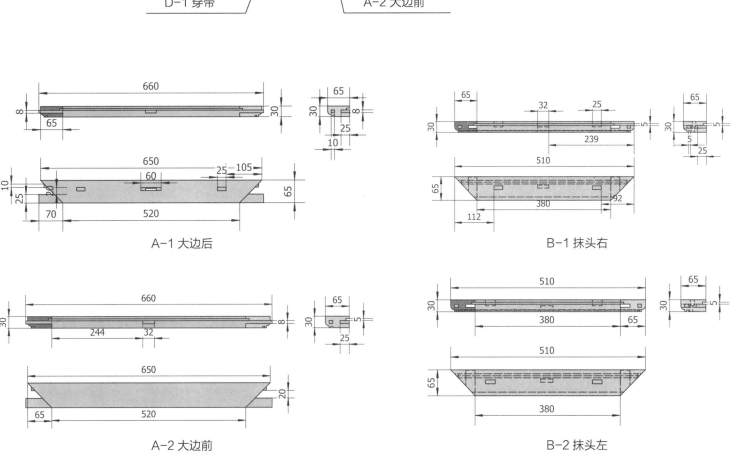

A-1 大边后

B-1 抹头右

A-2 大边前

B-2 抹头左

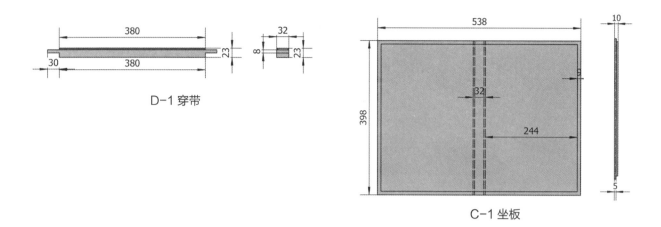

D-1 穿带

C-1 坐板

## 束腰、压板、牙板、挂榫尺寸图解

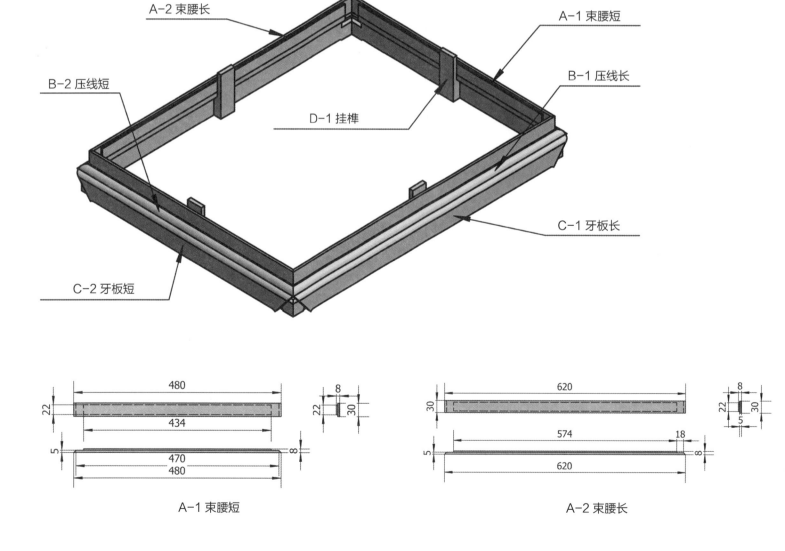

A-1 束腰短

A-2 束腰长

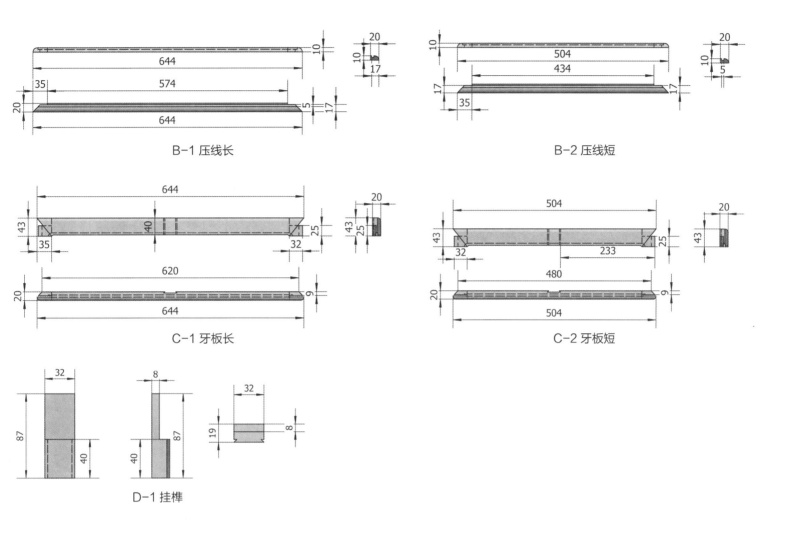

B-1 压线长

B-2 压线短

C-1 牙板长

C-2 牙板短

D-1 挂榫

## 牙条、腿、托泥、脚垫尺寸图解

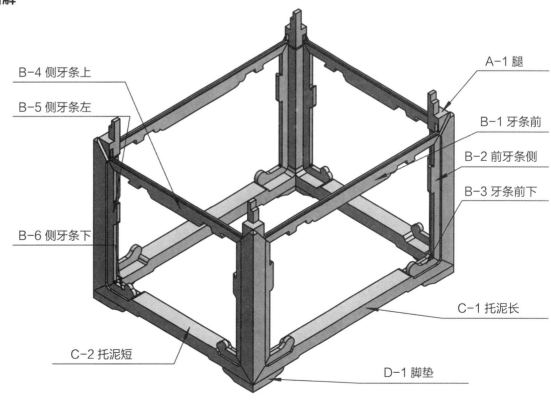

B-4 侧牙条上

B-5 侧牙条左

B-6 侧牙条下

C-2 托泥短

A-1 腿

B-1 牙条前

B-2 前牙条侧

B-3 牙条前下

C-1 托泥长

D-1 脚垫

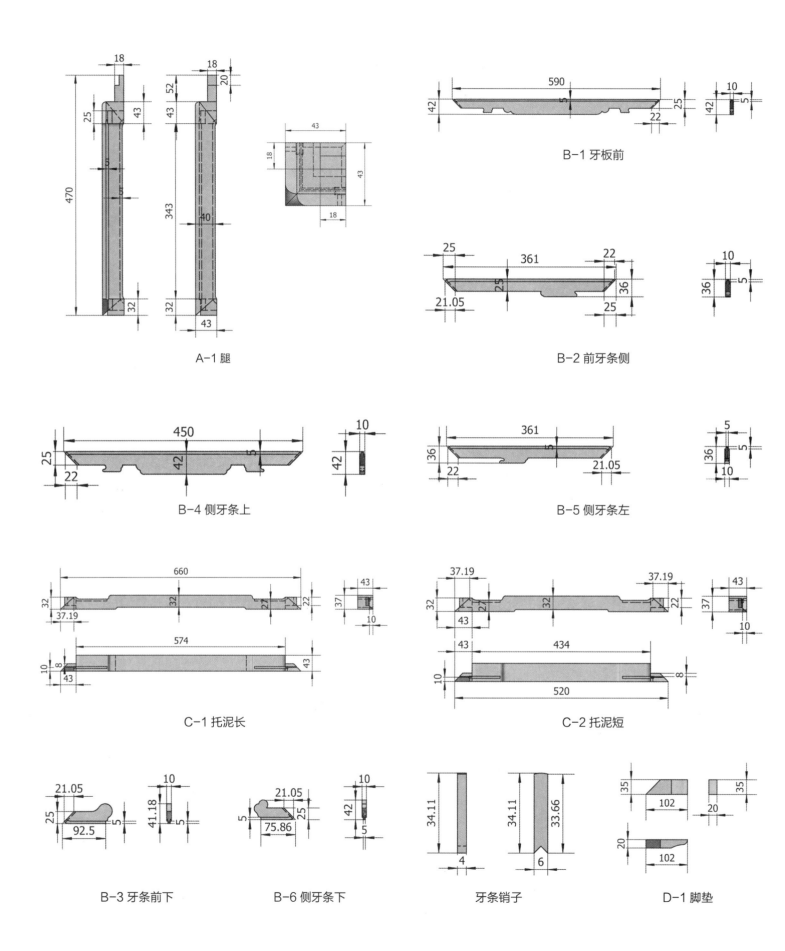

A-1 腿

B-1 牙板前

B-2 前牙条侧

B-4 侧牙条上

B-5 侧牙条左

C-1 托泥长

C-2 托泥短

B-3 牙条前下

B-6 侧牙条下

牙条销子

D-1 脚垫

**扶手边框尺寸图解**

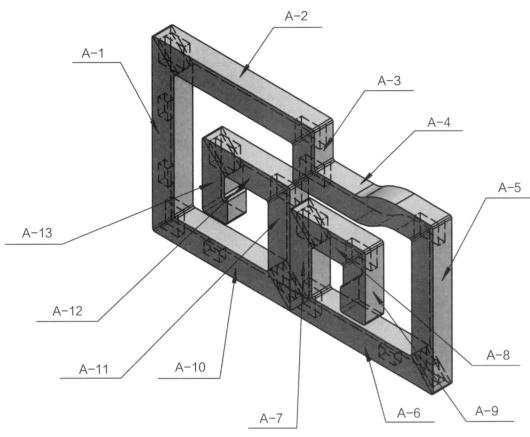

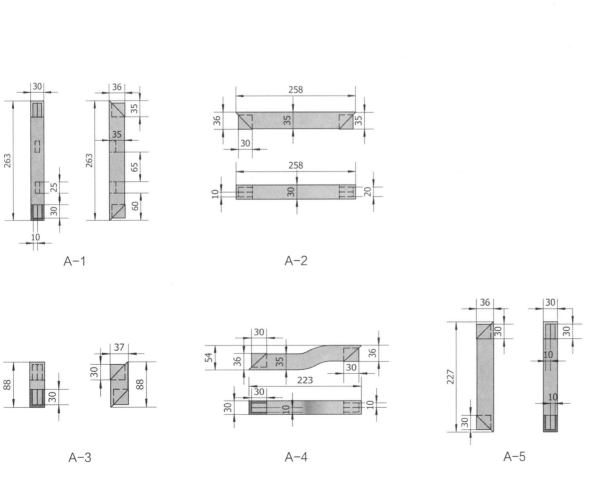

A-1

A-2

A-3

A-4

A-5

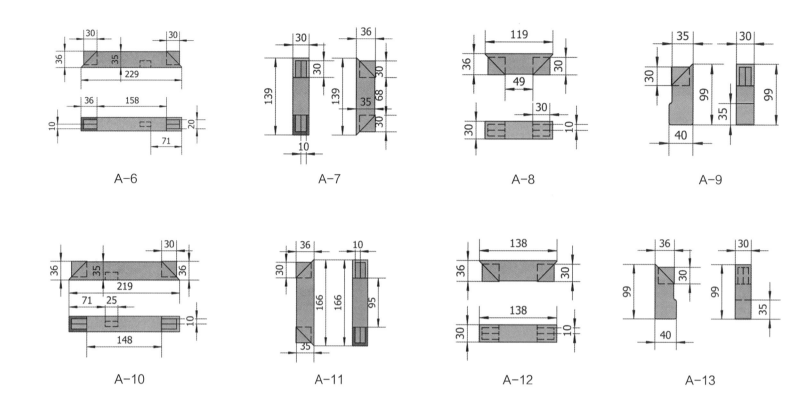

A-6　　　　A-7　　　　A-8　　　　A-9

A-10　　　　A-11　　　　A-12　　　　A-13

## 后背边框、背板、镶块尺寸图解

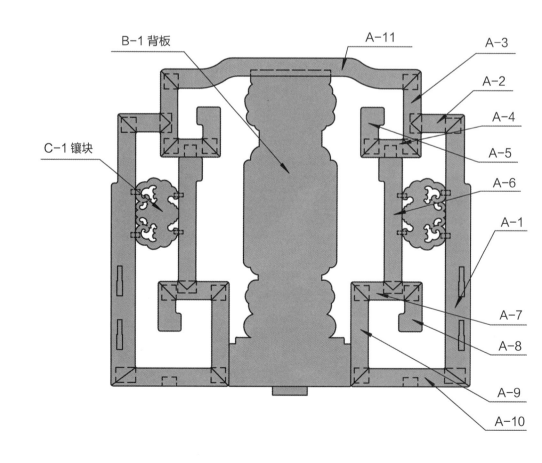

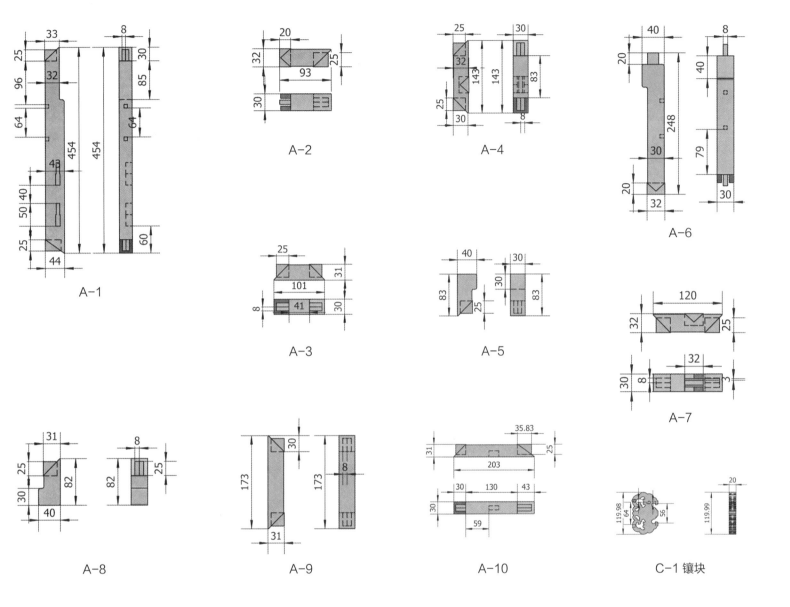

A-1

A-2

A-4

A-6

A-3

A-5

A-7

A-8

A-9

A-10

C-1 镶块

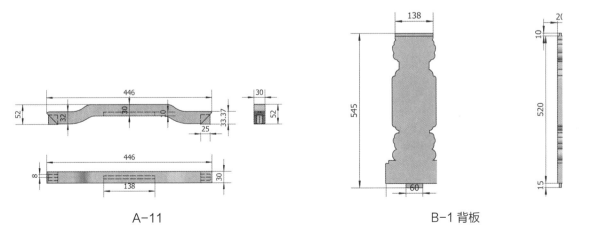

A-11

B-1 背板

# 宝相纹靠背椅

规格：500mm×430mm×963mm

此椅搭脑凸起，靠背板为弧形，坐下有罗锅枨，四腿为外圆内方，腿间有管脚枨。

观看视频请扫此图

手机 QQ 扫一扫
观看 3D 结构图

全景家具图
放 置 区

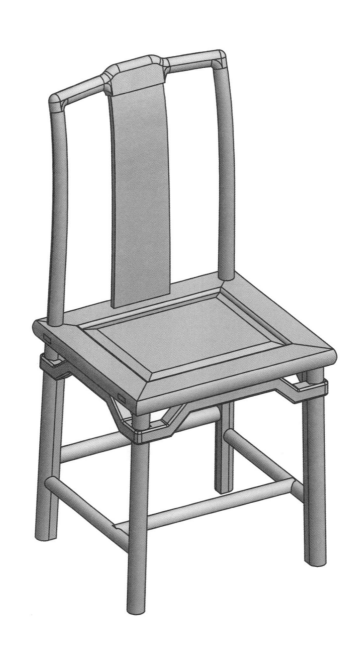

## 三视图尺寸图解

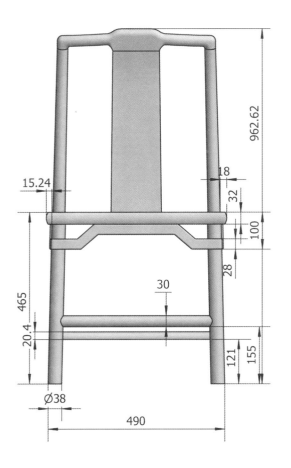

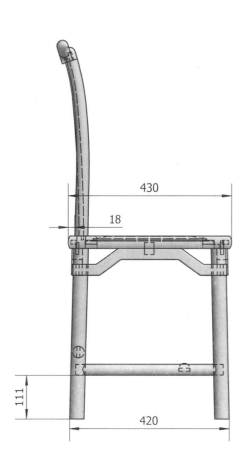

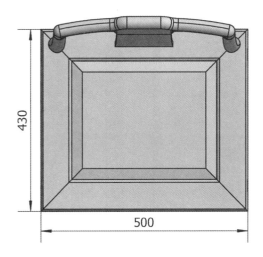

## 大边、抹头、坐板、穿带尺寸图解

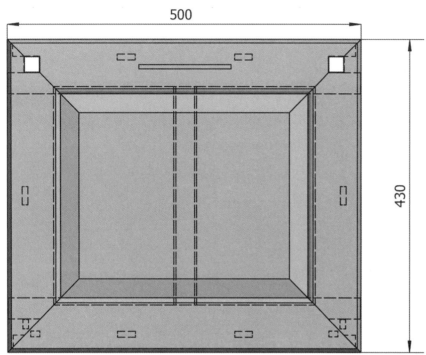

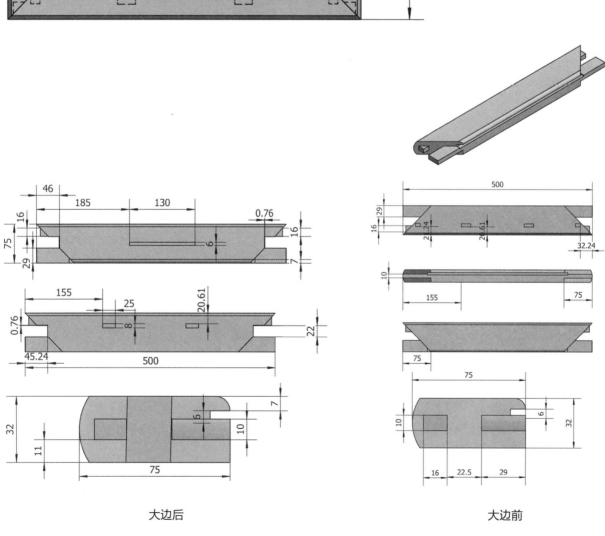

大边后                                                大边前

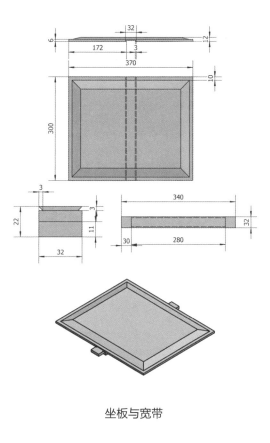

坐板与宽带

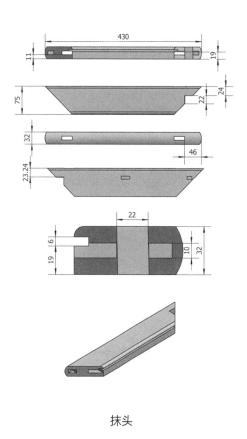

抹头

**罗锅枨右、罗锅枨前尺寸图解**

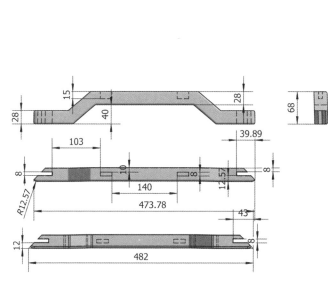

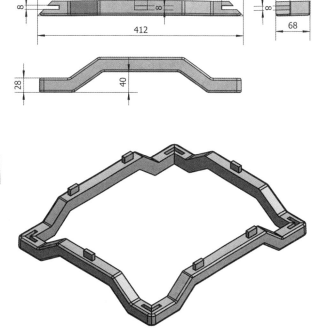

**搭脑、背板尺寸图解**

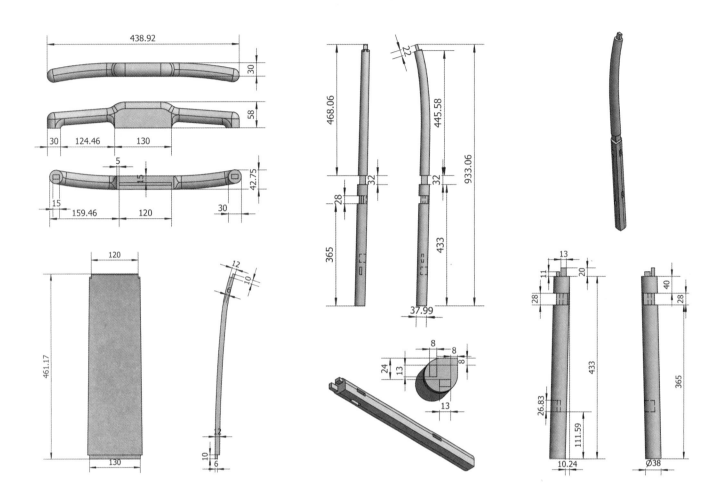

**侧枨、后枨、中枨尺寸图解**

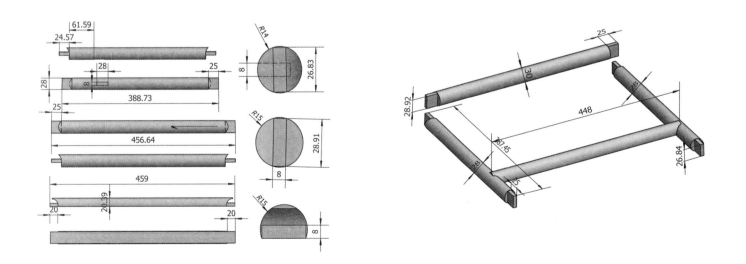

# 拐子纹靠背椅

规格：560mm×440mm×1215mm

本品由 36 个部件组装而成，主要构件有大边、坐板、背板、腿、脚枨等。

**观看视频请扫此图**

手机 QQ 扫一扫
观看 3D 结构图

全景家具图
放置区

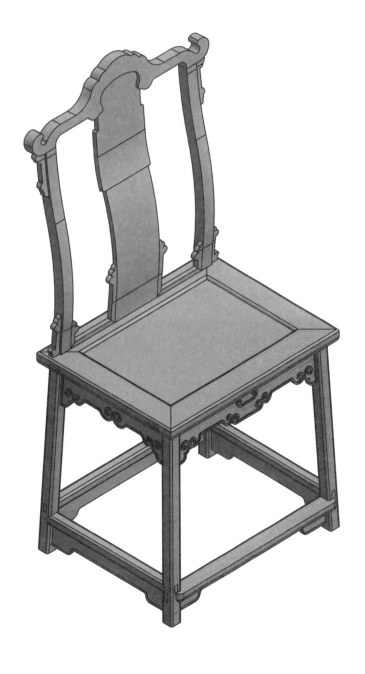

**三视图尺寸图解**

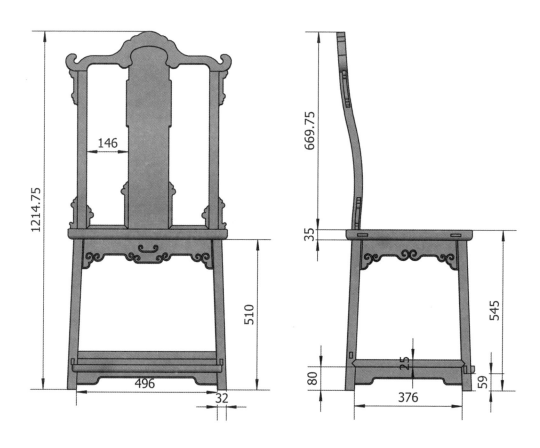

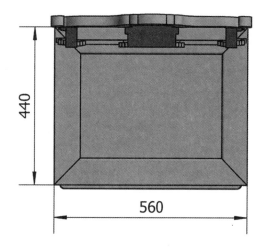

## 大边、抹头、坐板、穿带尺寸图解

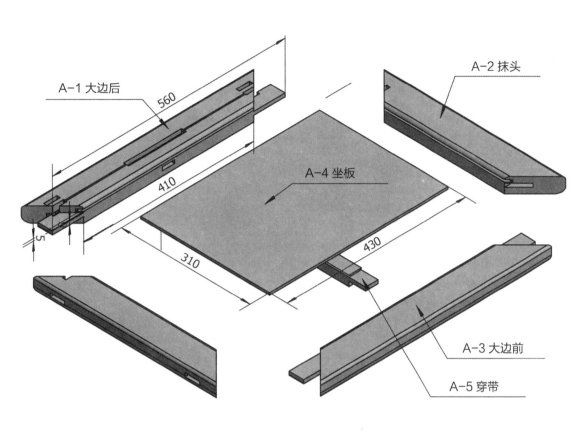

A-1 大边后
560
410
5
A-4 坐板
A-2 抹头
430
310
A-3 大边前
A-5 穿带

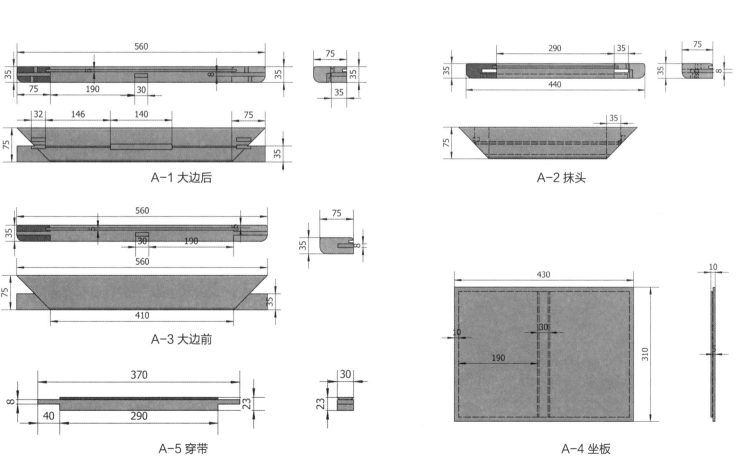

A-1 大边后

A-2 抹头

A-3 大边前

A-5 穿带

A-4 坐板

**腿、牙板、角牙、脚枨尺寸图解**

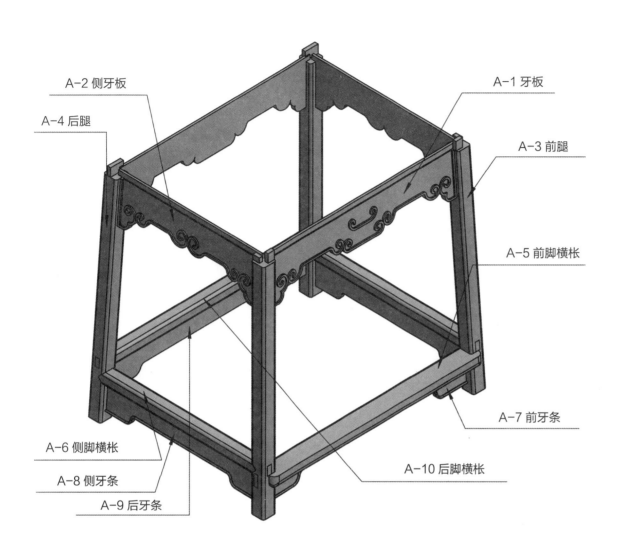

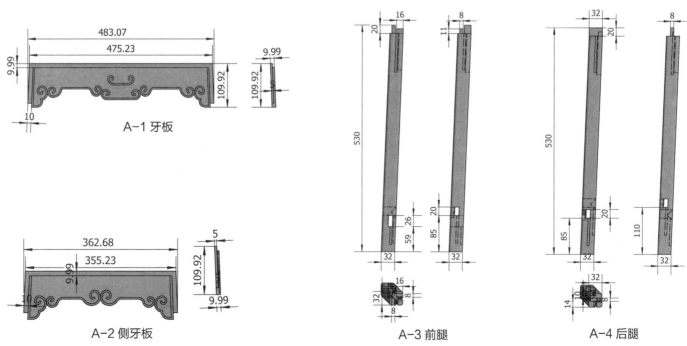

A-1 牙板

A-2 侧牙板

A-3 前腿

A-4 后腿

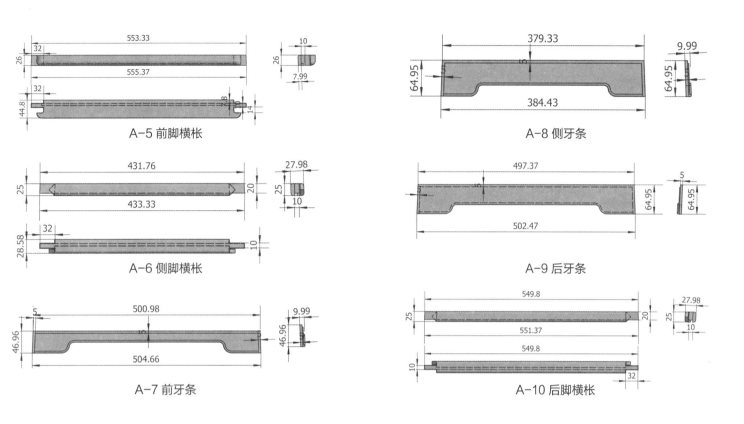

A-5 前脚横枨

A-8 侧牙条

A-6 侧脚横枨

A-9 后牙条

A-7 前牙条

A-10 后脚横枨

## 后背板、后背立柱、角牙尺寸图解

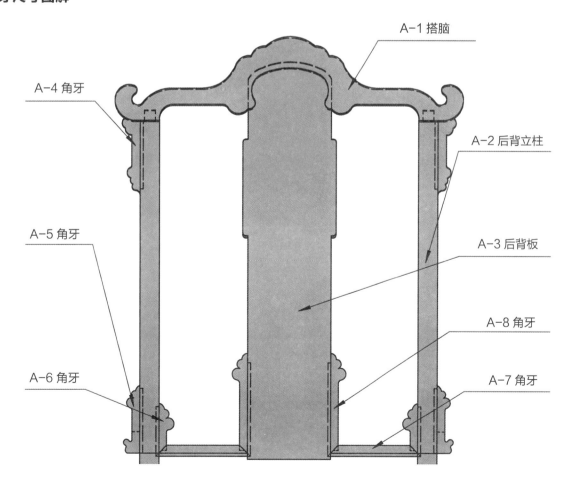

A-1 搭脑

A-4 角牙

A-2 后背立柱

A-5 角牙

A-3 后背板

A-8 角牙

A-6 角牙

A-7 角牙

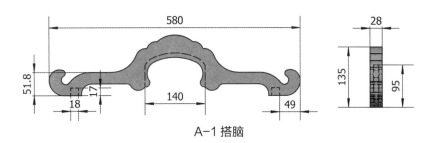

A-1 搭脑

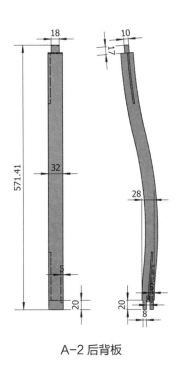

A-2 后背板

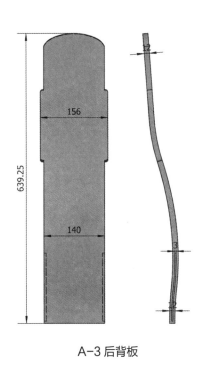

A-3 后背板

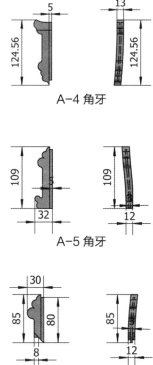

A-4 角牙

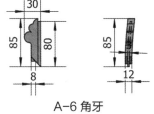

A-5 角牙

A-6 角牙

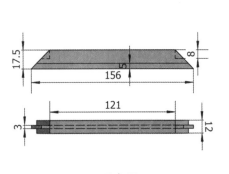

A-7 角牙

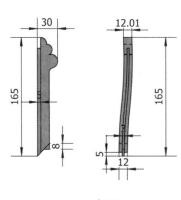

A-8 角牙

# 卷书沙发

规格：755mm×615mm×1059mm

本品主要构件有扶手、背板、坐面、牙板、腿等，连销在内一共由
94 个部件组装而成。

**观看视频请扫此图**

手机 QQ 扫一扫
观看 3D 结构图

全景家具图
放 置 区

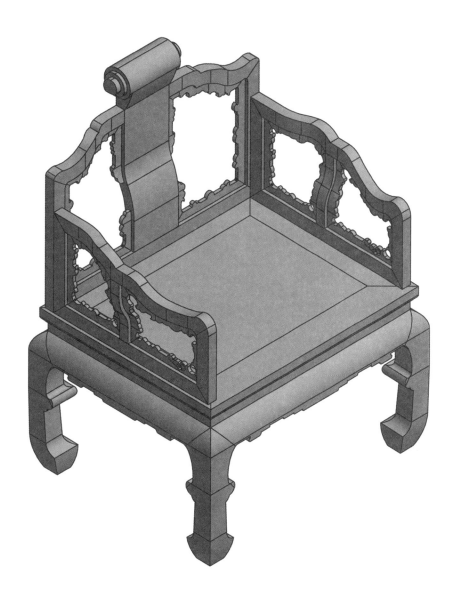

**三视图尺寸图解**

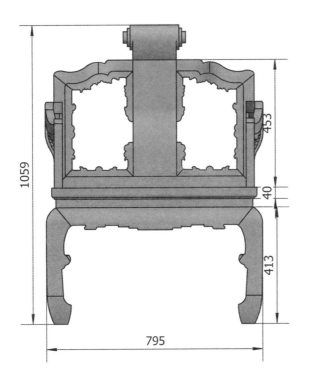

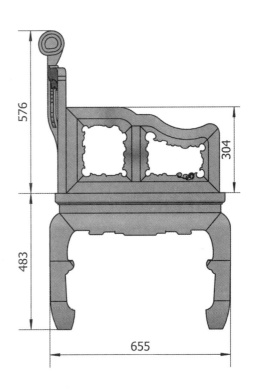

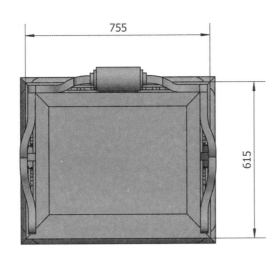

**大边、抹头、坐板、穿带尺寸图解**

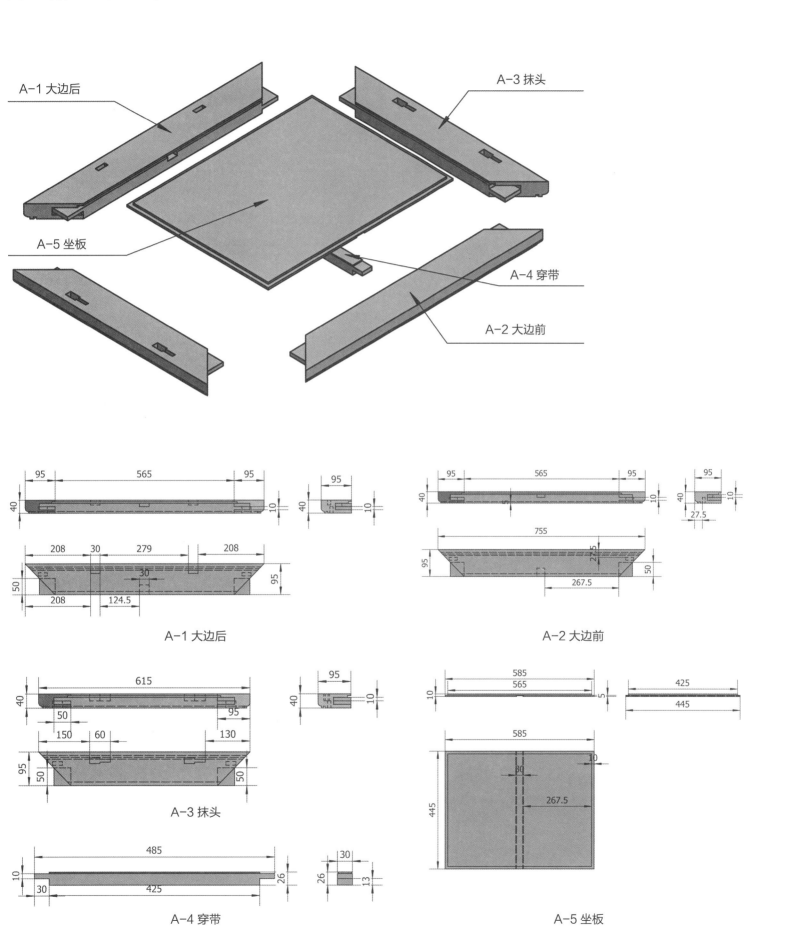

A-1 大边后

A-2 大边前

A-3 抹头

A-4 穿带

A-5 坐板

## 束腰、牙板、腿尺寸图解

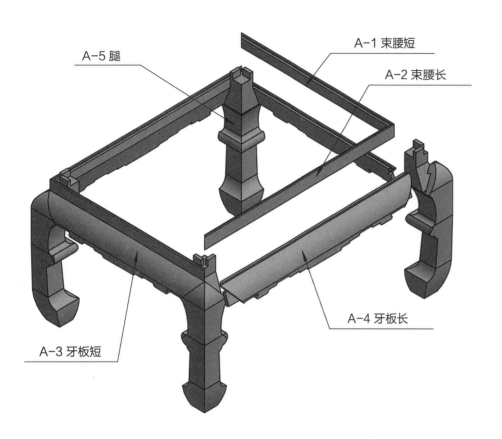

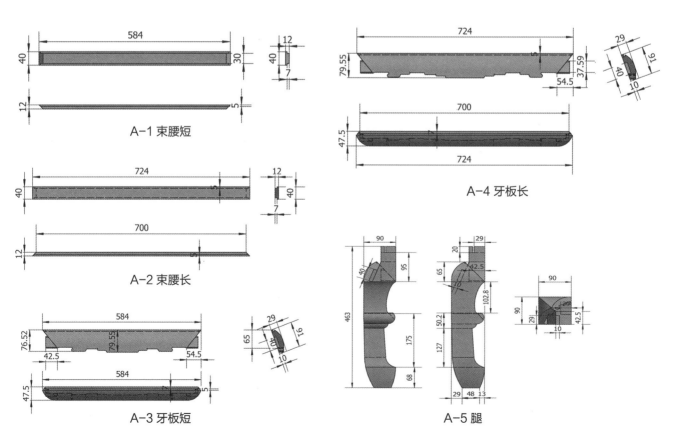

A-1 束腰短

A-2 束腰长

A-3 牙板短

A-4 牙板长

A-5 腿

## 扶手边框、圈口尺寸图解

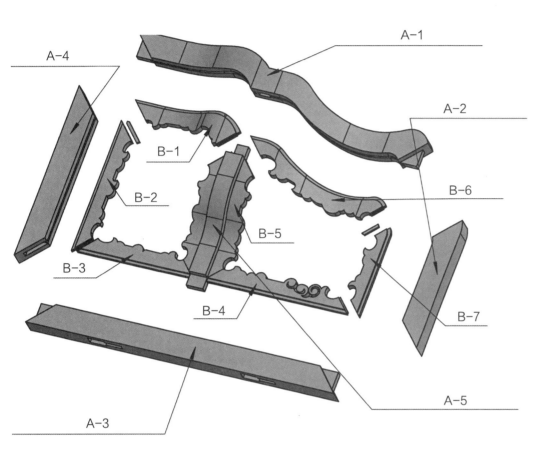

A-4
A-1
A-2
B-1
B-2
B-6
B-5
B-3
B-7
B-4
A-5
A-3

A 部分为扶手边框
B 部分为圈口

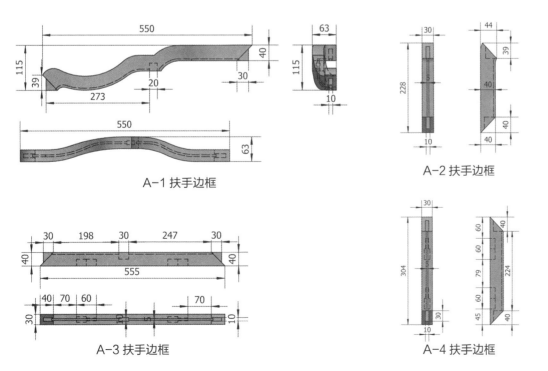

A-1 扶手边框

A-2 扶手边框

A-3 扶手边框

A-4 扶手边框

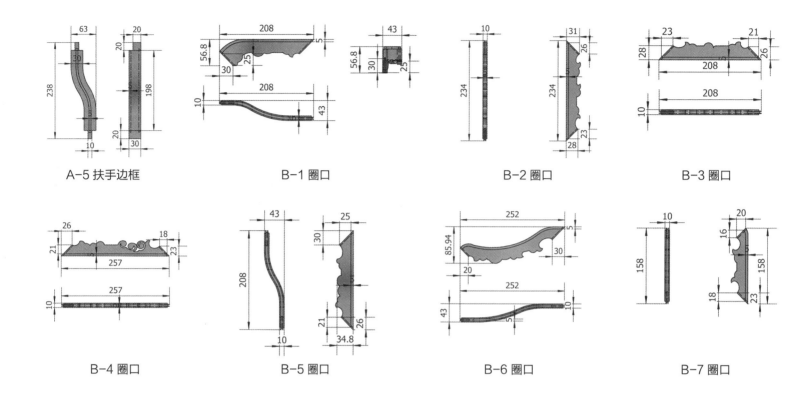

A-5 扶手边框

B-1 圈口

B-2 圈口

B-3 圈口

B-4 圈口

B-5 圈口

B-6 圈口

B-7 圈口

## 后背边框、背板、后背圈口尺寸图解

A 部为后背边框
B 部为后背圈口
C 部为背板
D 部圈口销子

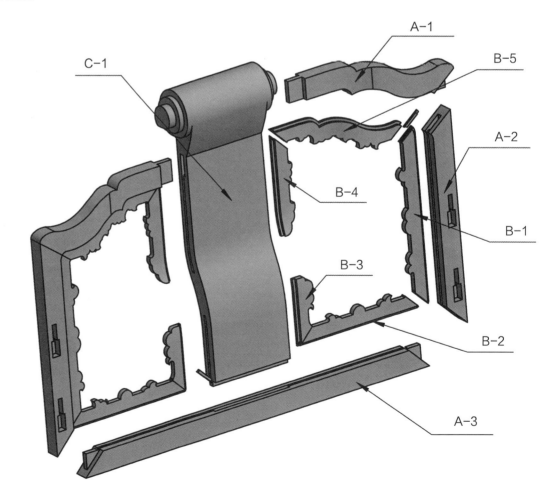

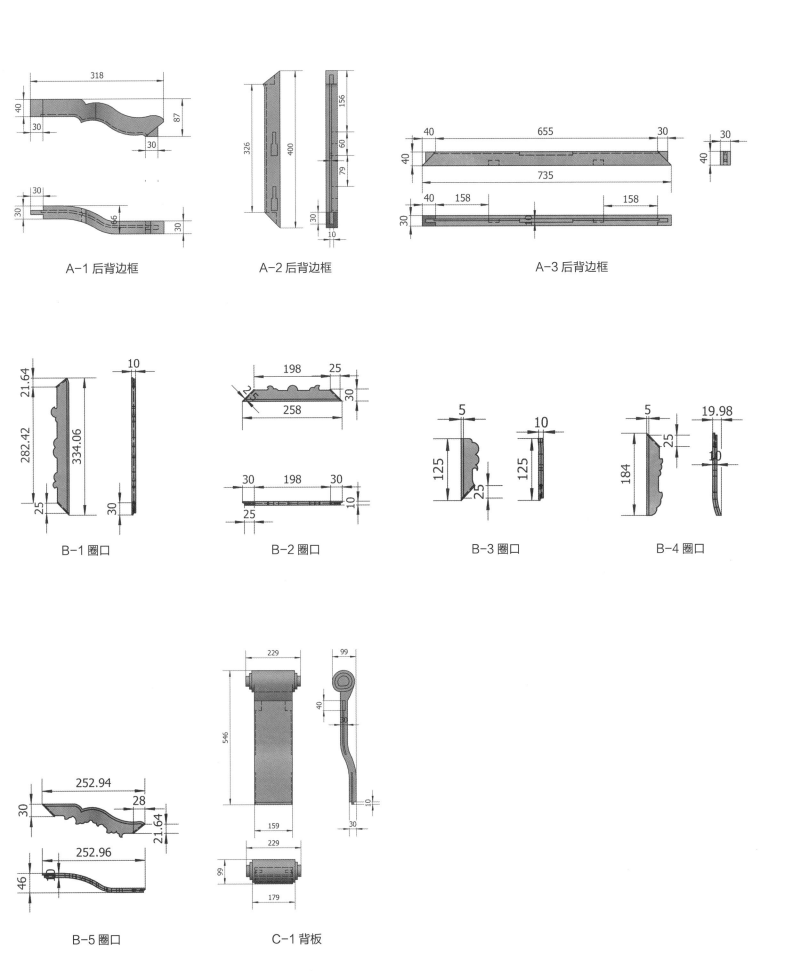

A-1 后背边框

A-2 后背边框

A-3 后背边框

B-1 圈口

B-2 圈口

B-3 圈口

B-4 圈口

B-5 圈口

C-1 背板

# 空灵靠背椅

规格：530mm × 450mm × 942mm

本品由大边框、坐板、腿、角牙、背板等组成，一共 26 个部件。

观看视频请扫此图

手机 QQ 扫一扫
观看 3D 结构图

全景家具图
放 置 区

## 三视图尺寸图解

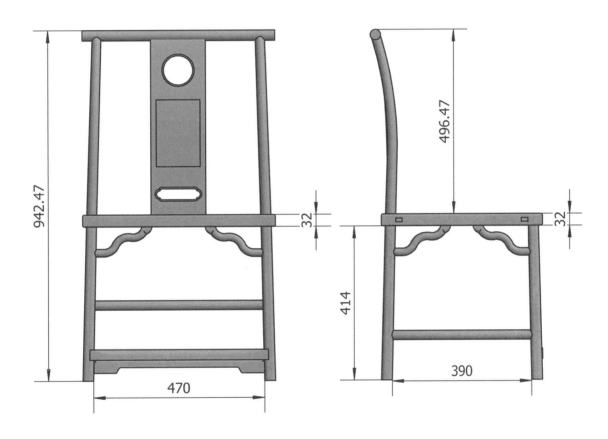

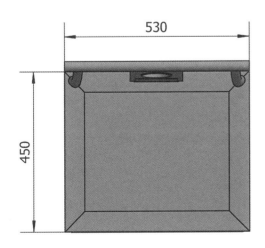

## 大边、抹头、坐板、穿带尺寸图解

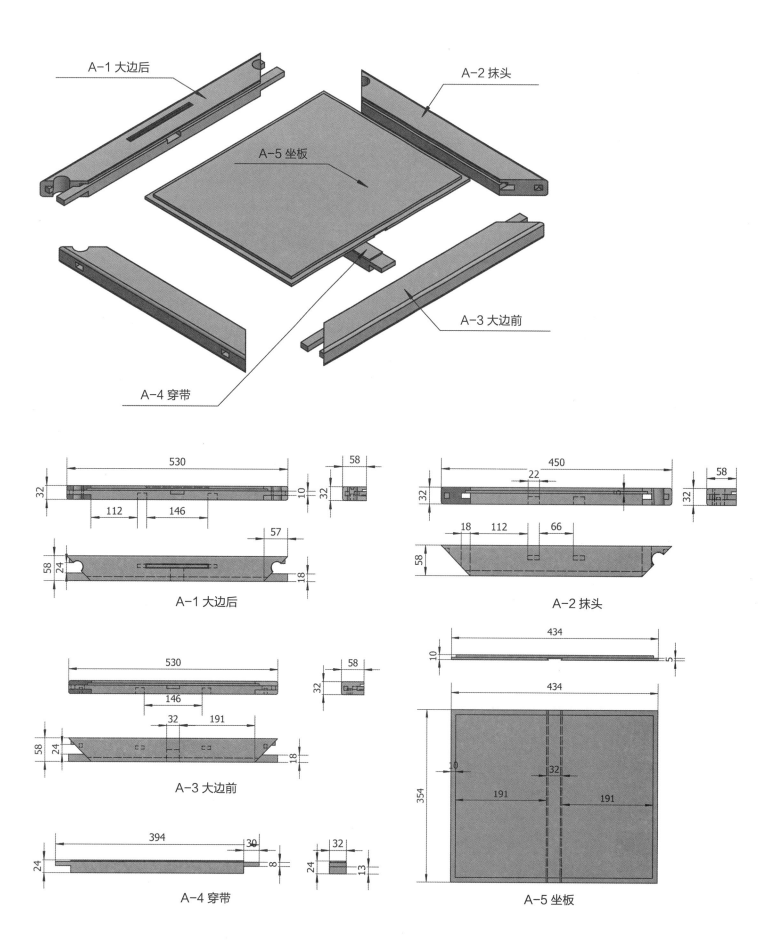

A-1 大边后

A-2 抹头

A-5 坐板

A-3 大边前

A-4 穿带

A-1 大边后

A-2 抹头

A-3 大边前

A-4 穿带

A-5 坐板

## 搭脑、背板、腿、角牙、脚枨尺寸图解

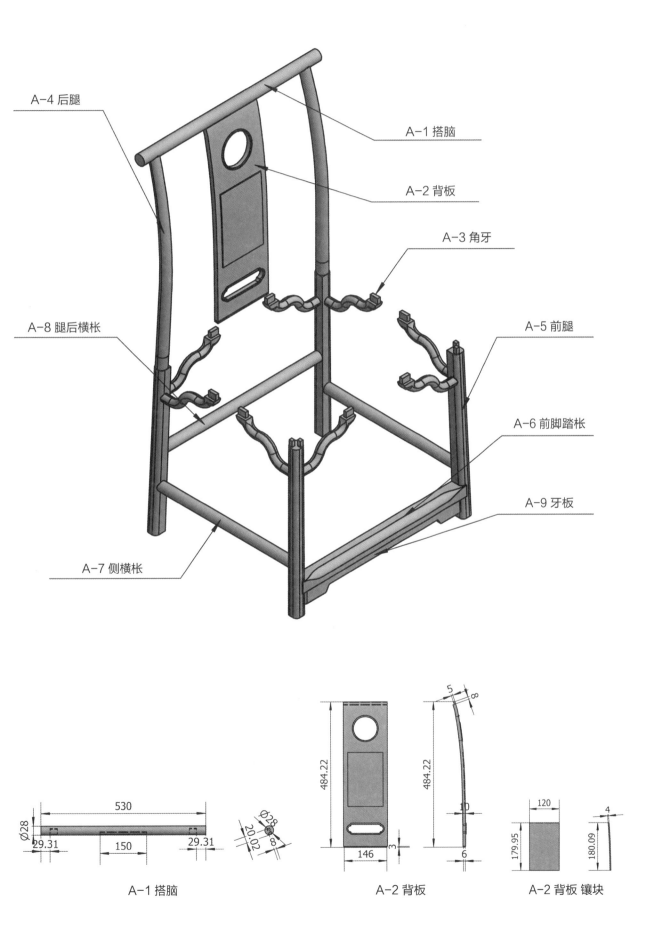

A-4 后腿
A-1 搭脑
A-2 背板
A-3 角牙
A-8 腿后横枨
A-5 前腿
A-6 前脚踏枨
A-9 牙板
A-7 侧横枨

530
Ø28
29.31
150
29.31
Ø28
20.02
8

A-1 搭脑

5
8
484.22
484.22
10
146
3
6

A-2 背板

120
179.95
180.09
4

A-2 背板 镶块

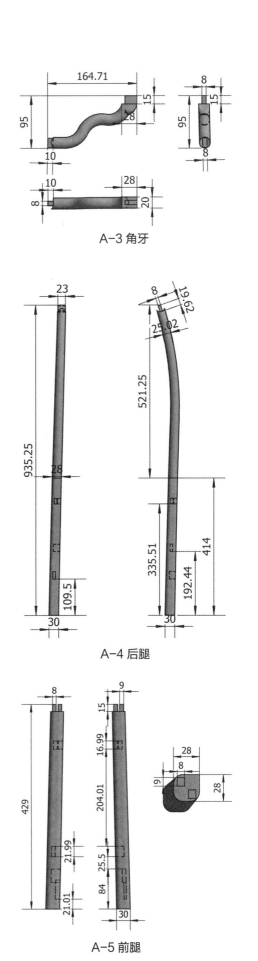

A-3 角牙

A-4 后腿

A-5 前腿

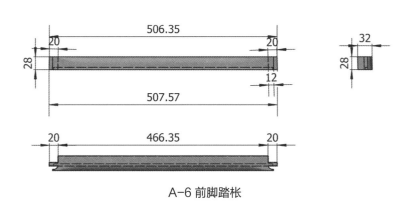

A-6 前脚踏枨

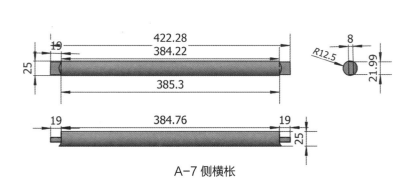

A-7 侧横枨

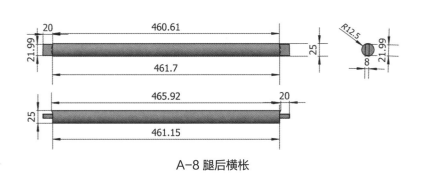

A-8 腿后横枨

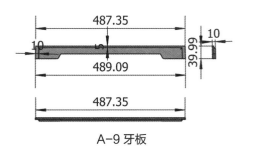

A-9 牙板

# 南官帽椅

规格：600mm×480mm×1055mm

本品由 34 个部件组装而成，主要构件有大边、坐板、扶手、联帮棍、

牙板等，搭脑弧度大，前腿有鹅脖。

**观看视频请扫此图**

手机 QQ 扫一扫
观看 3D 结构图

全景家具图
放 置 区

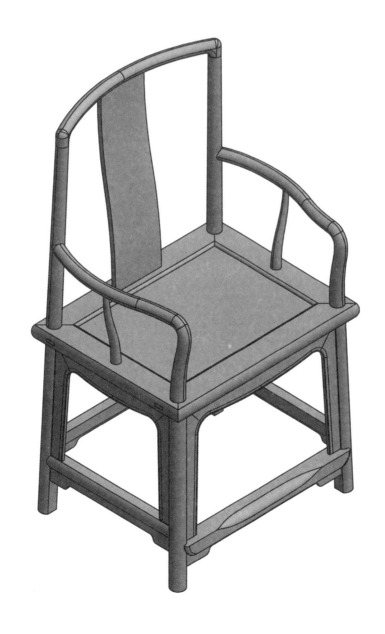

## 三视图尺寸图解

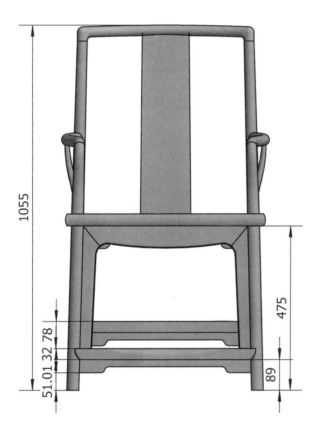

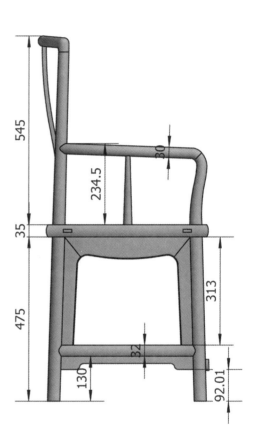

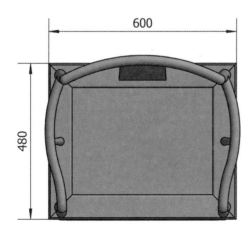

## 大边、抹头、坐板、穿带尺寸图解

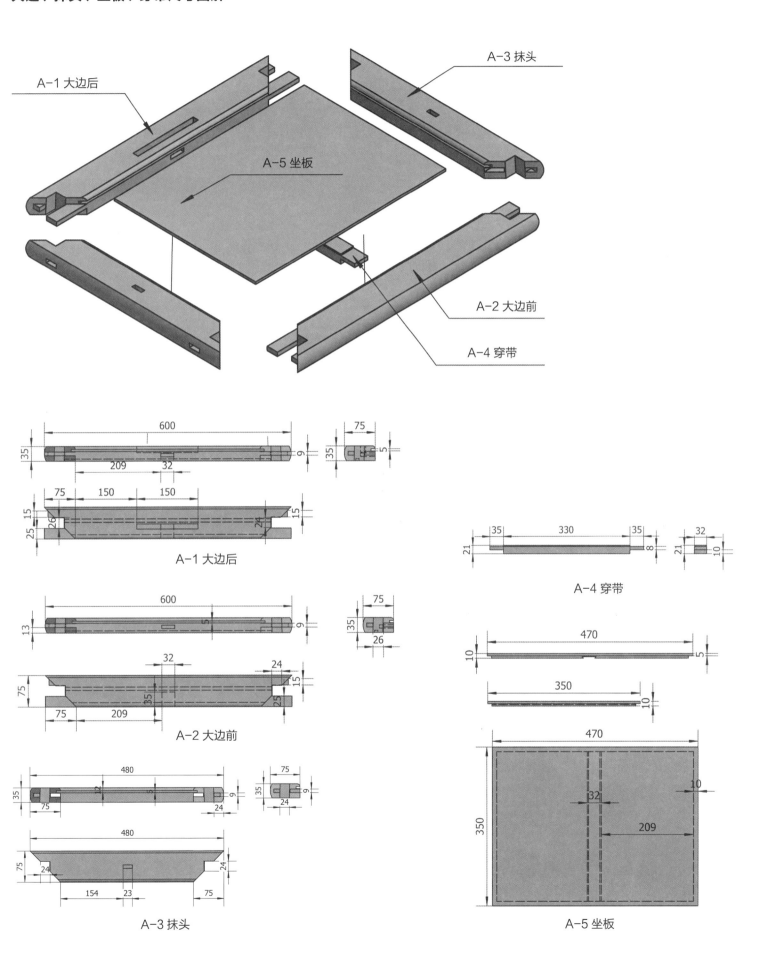

A-1 大边后

A-3 抹头

A-5 坐板

A-2 大边前

A-4 穿带

A-1 大边后

A-4 穿带

A-2 大边前

A-3 抹头

A-5 坐板

**腿、扶手、联帮棍尺寸图解**

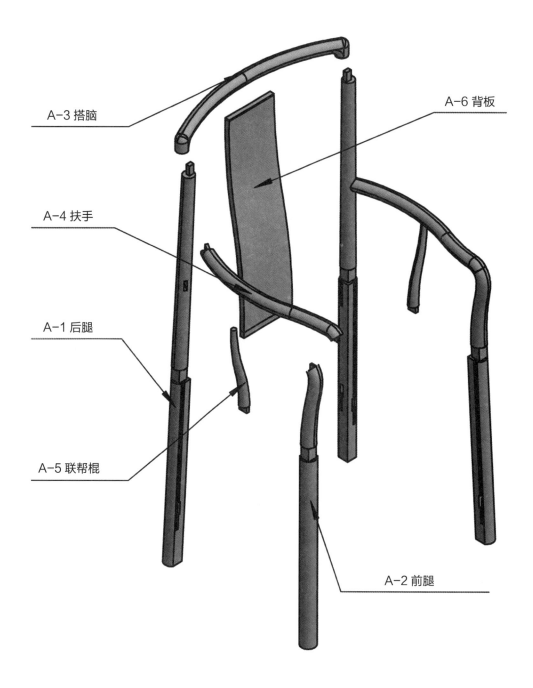

A-3 搭脑

A-6 背板

A-4 扶手

A-1 后腿

A-5 联帮棍

A-2 前腿

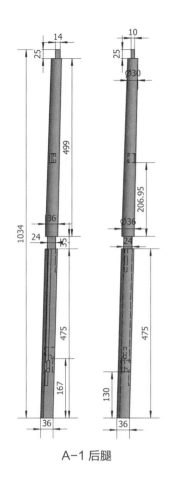

A-1 后腿

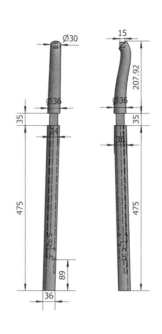

A-2 前腿

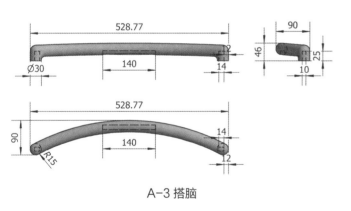

A-3 搭脑

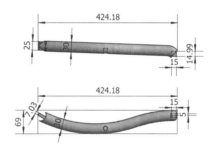

A-4 扶手

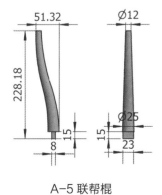

A-5 联帮棍

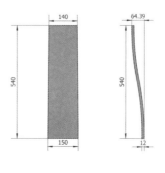

A-6 背板

## 牙板、牙条、脚踏、横枨尺寸图解

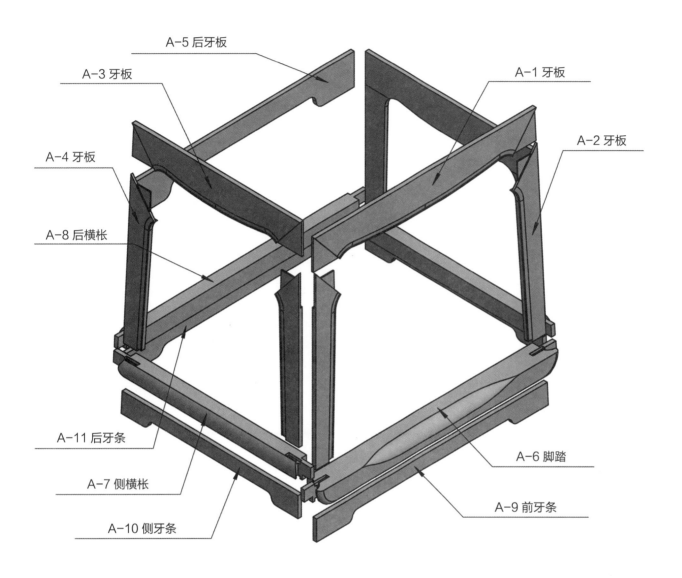

A-5 后牙板

A-3 牙板

A-1 牙板

A-4 牙板

A-2 牙板

A-8 后横枨

A-11 后牙条

A-6 脚踏

A-7 侧横枨

A-9 前牙条

A-10 侧牙条

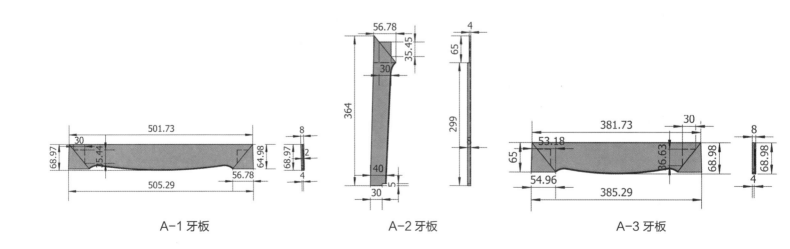

A-1 牙板

A-2 牙板

A-3 牙板

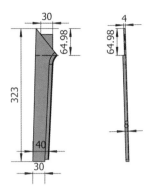

A-4 牙板

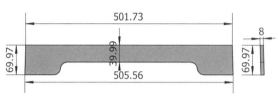

A-5 后牙板

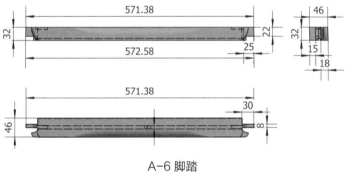

A-6 脚踏

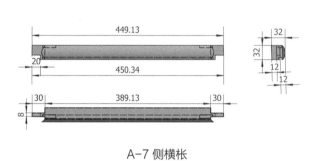

A-7 侧横枨

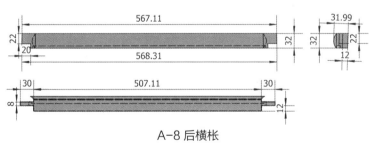

A-8 后横枨

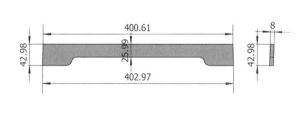

A-10 侧牙条

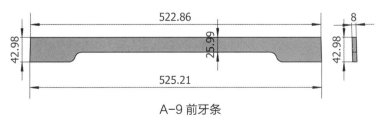

A-9 前牙条

A-11 后牙条

# 四出头官帽椅

规格：580mm × 450mm × 1245mm

本品由 37 个部件组装而成，由大边、坐板、腿、搭脑、扶手都有弯曲造型，下有牙板。

**观看视频请扫此图**

手机 QQ 扫一扫
观看 3D 结构图

全景家具图
放置区

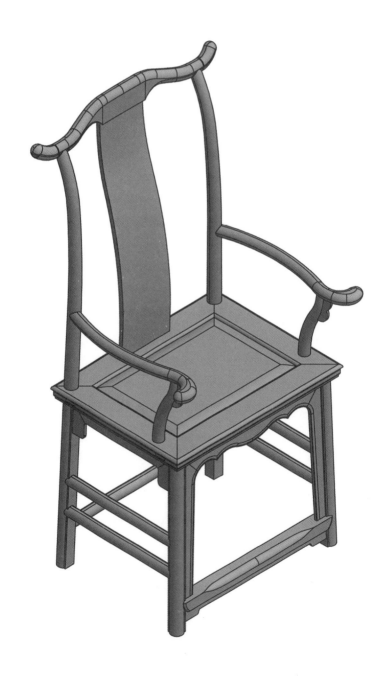

## 三视图尺寸图解

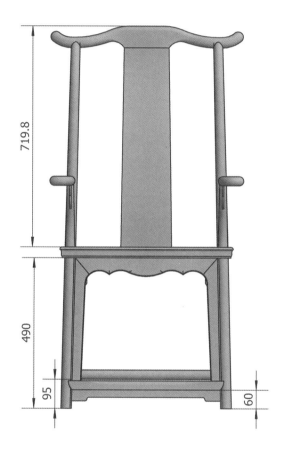

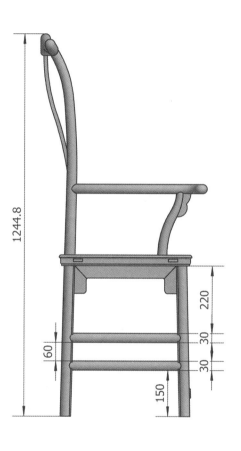

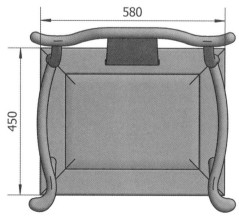

## 大边、抹头、坐板、穿带尺寸图解

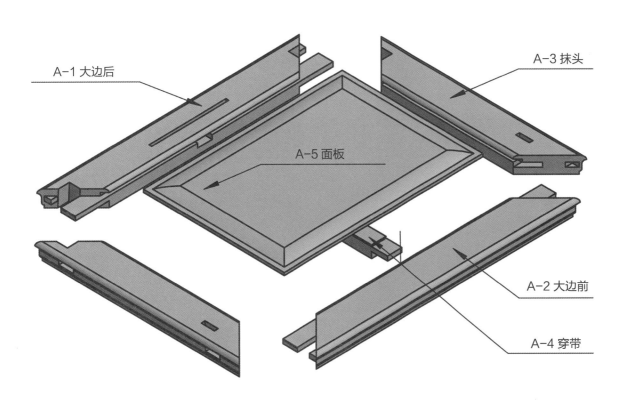

A-1 大边后

A-3 抹头

A-5 面板

A-2 大边前

A-4 穿带

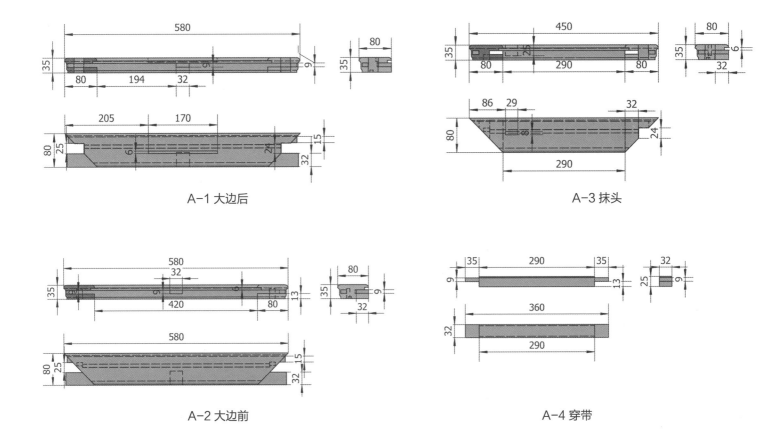

A-1 大边后

A-3 抹头

A-2 大边前

A-4 穿带

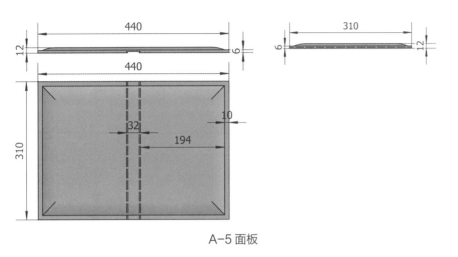

A-5 面板

## 腿、扶手、鹅脖、搭脑、背板尺寸图解

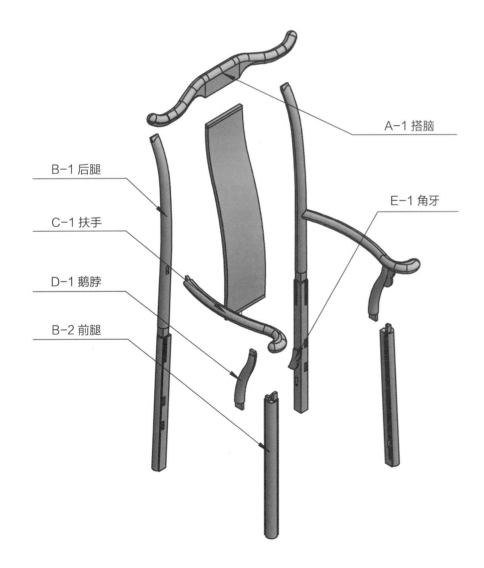

A-1 搭脑

B-1 后腿

E-1 角牙

C-1 扶手

D-1 鹅脖

B-2 前腿

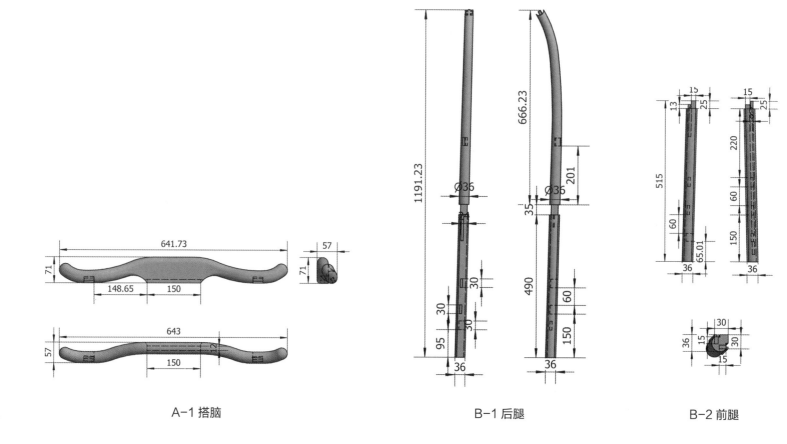

A-1 搭脑

B-1 后腿

B-2 前腿

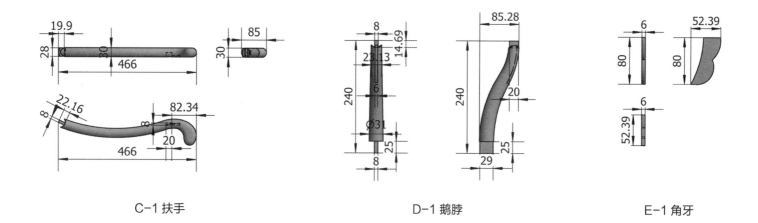

C-1 扶手

D-1 鹅脖

E-1 角牙

**券口、牙条、脚踏、横枨尺寸图解**

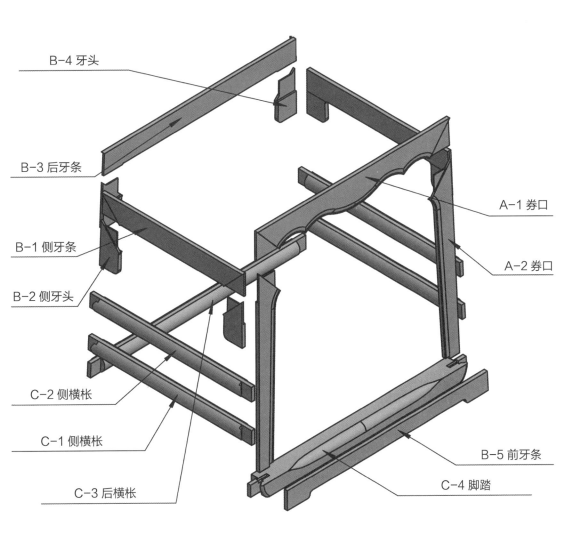

B-4 牙头

B-3 后牙条

B-1 侧牙条

B-2 侧牙头

C-2 侧横枨

C-1 侧横枨

C-3 后横枨

A-1 券口

A-2 券口

B-5 前牙条

C-4 脚踏

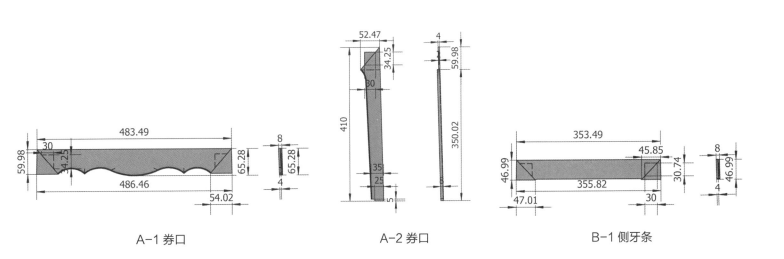

A-1 券口

A-2 券口

B-1 侧牙条

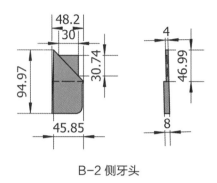

B-2 侧牙头

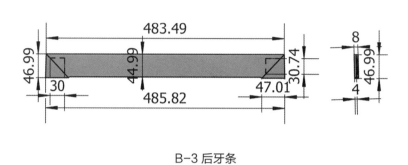

B-3 后牙条

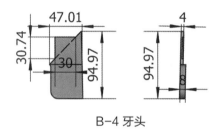

B-4 牙头

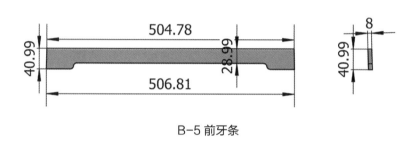

B-5 前牙条

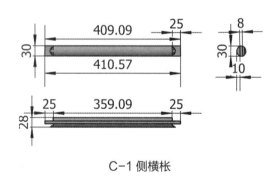

C-1 侧横枨

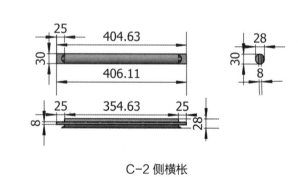

C-2 侧横枨

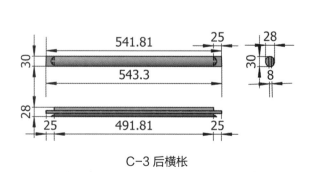

C-3 后横枨

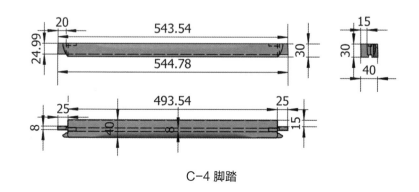

C-4 脚踏

# 攒背四头出官帽椅

规格：580mm×470mm×1134mm

本品由 44 个部件组装而成。

观看视频请扫此图

手机 QQ 扫一扫
观看 3D 结构图

全 景 家 具 图
放 置 区

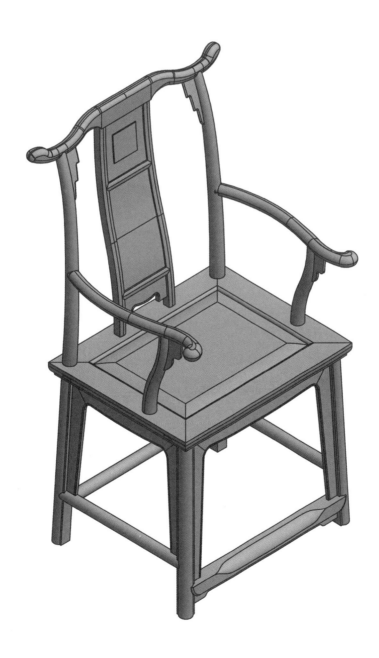

## 三视图尺寸图解

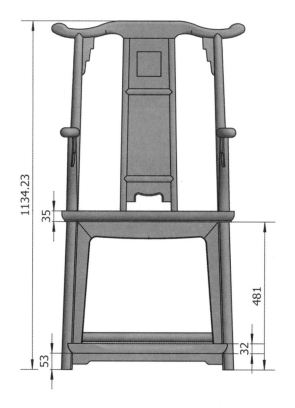

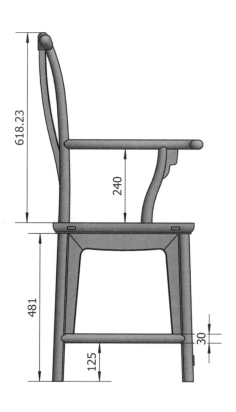

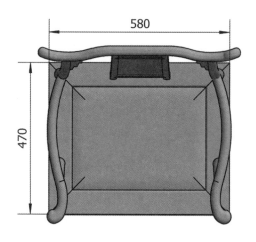

## 大边、抹头、坐板、穿带尺寸图解

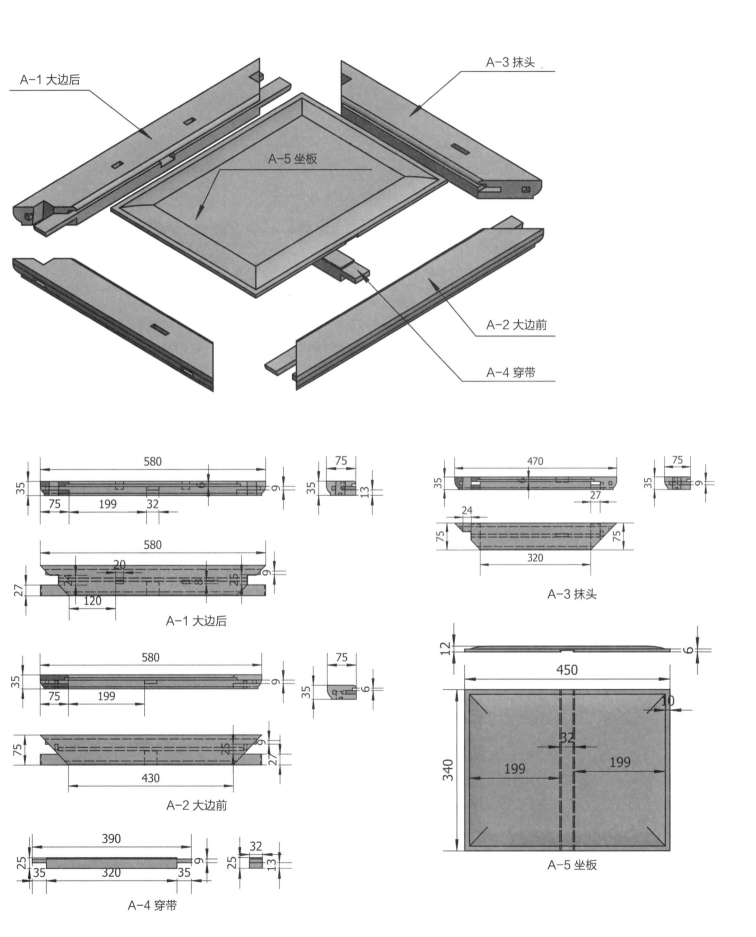

A-1 大边后

A-3 抹头

A-5 坐板

A-2 大边前

A-4 穿带

A-1 大边后

A-3 抹头

A-2 大边前

A-5 坐板

A-4 穿带

## 搭脑、背板、角牙尺寸图解

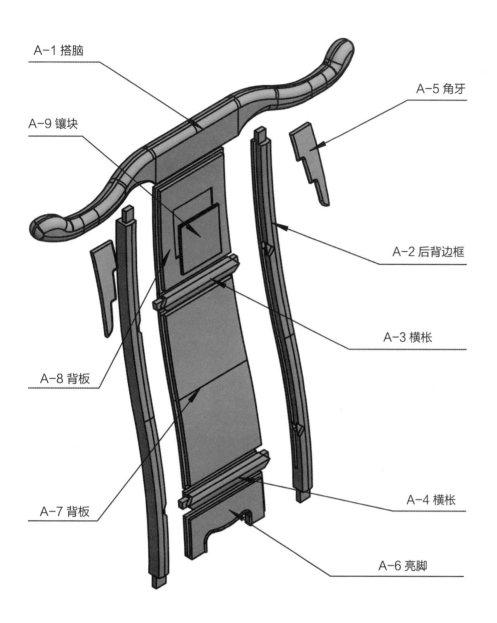

A-1 搭脑

A-9 镶块

A-5 角牙

A-2 后背边框

A-3 横枨

A-8 背板

A-4 横枨

A-7 背板

A-6 亮脚

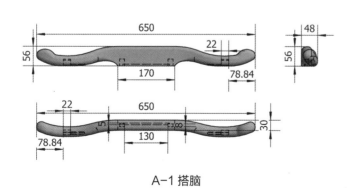

A-1 搭脑

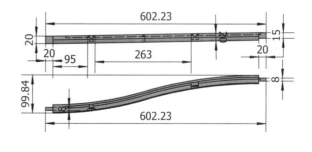

A-2 后背边框

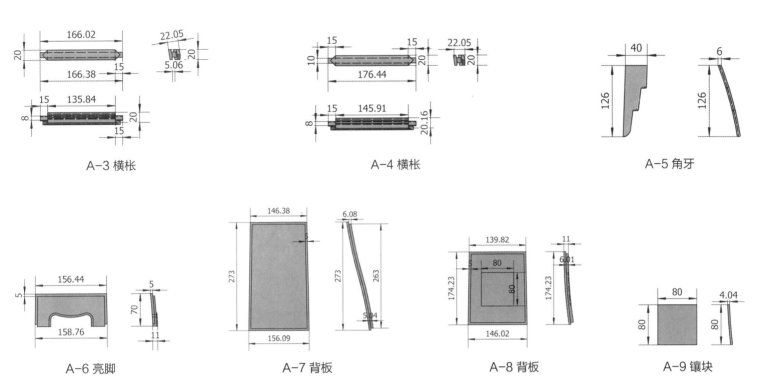

A-3 横枨　　　　　　　　A-4 横枨　　　　　　　　A-5 角牙

A-6 亮脚　　　　A-7 背板　　　　A-8 背板　　　　A-9 镶块

## 腿尺寸图解

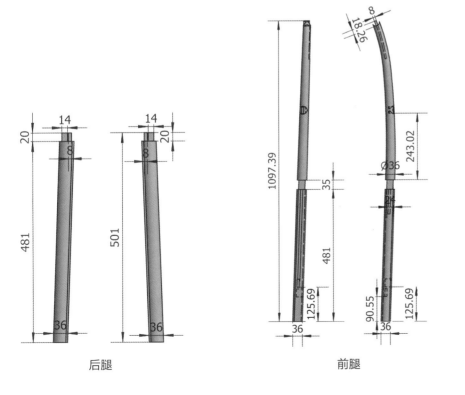

后腿　　　　　　　　前腿

**扶手、鹅脖、牙板、脚枨尺寸图解**

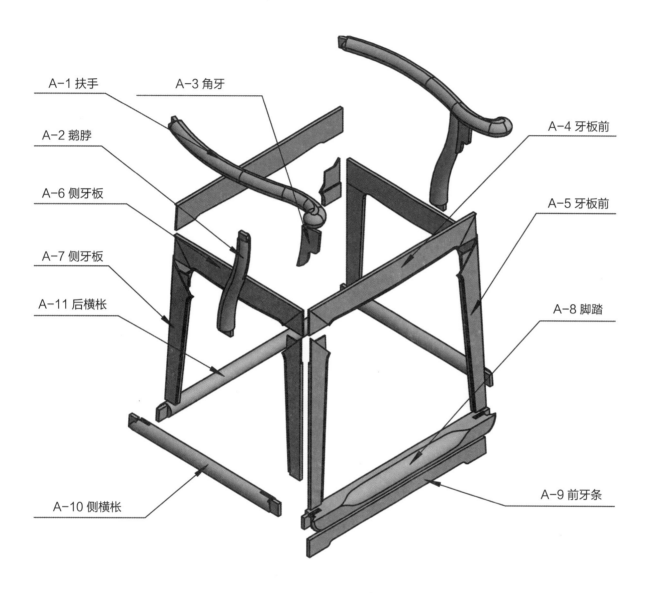

A-1 扶手
A-3 角牙
A-2 鹅脖
A-4 牙板前
A-6 侧牙板
A-5 牙板前
A-7 侧牙板
A-11 后横枨
A-8 脚踏
A-10 侧横枨
A-9 前牙条

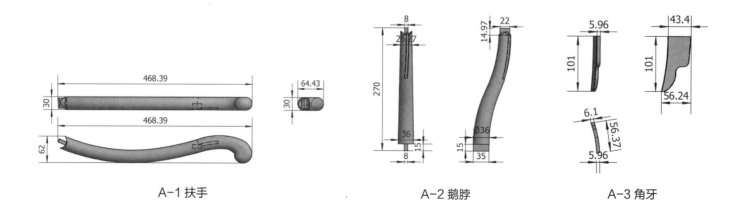

A-1 扶手　　　　　A-2 鹅脖　　　　　A-3 角牙

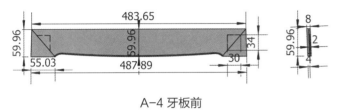

A-4 牙板前

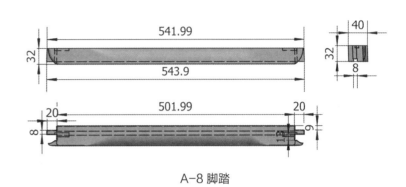

A-8 脚踏

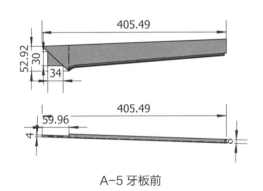

A-5 牙板前

A-9 前牙条

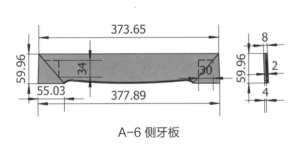

A-6 侧牙板

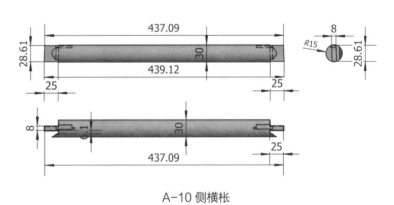

A-10 侧横枨

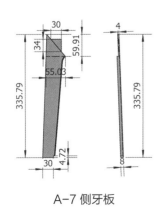

A-7 侧牙板

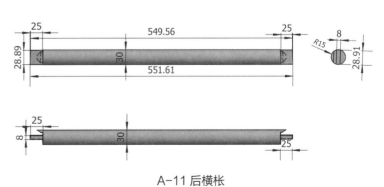

A-11 后横枨

# 紫檀云龙纹宝座

规格：1120mm×960mm×1030mm

九屏风式坐围，搭脑后卷，下有束腰，正中透雕炮仗洞，鼓腿彭牙，牙条下垂洼堂肚，大挖马蹄，下承托泥。本品包括销栓在内一共有 84 个部件。

**观看视频请扫此图**

手机 QQ 扫一扫
观看 3D 结构图

全景家具图
放 置 区

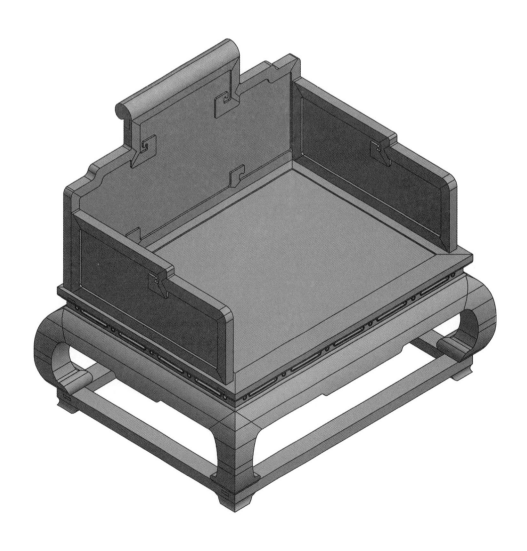

## 三视图尺寸图解

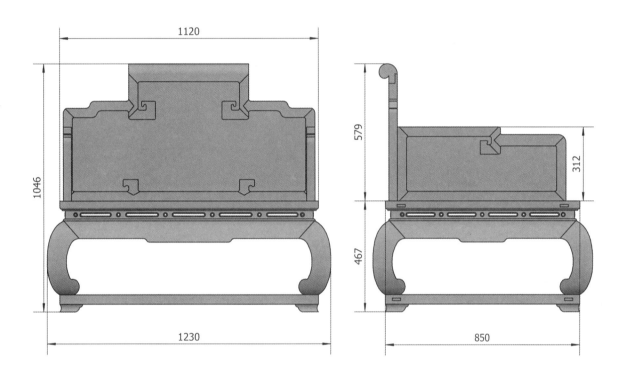

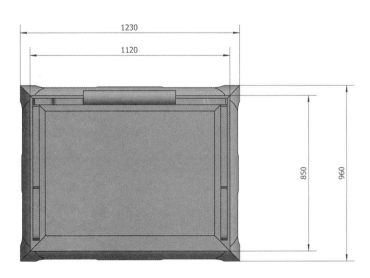

## 大边、抹头、坐板、穿带尺寸图解

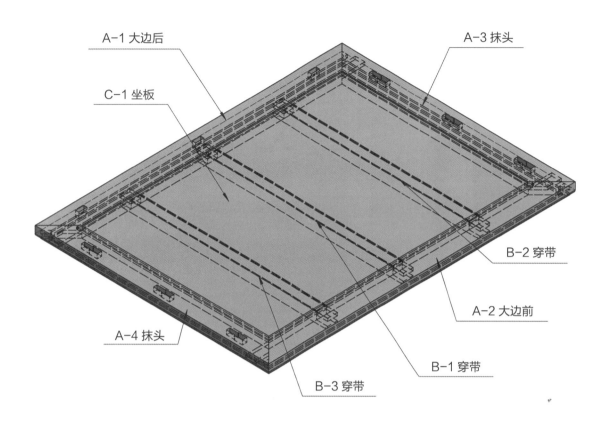

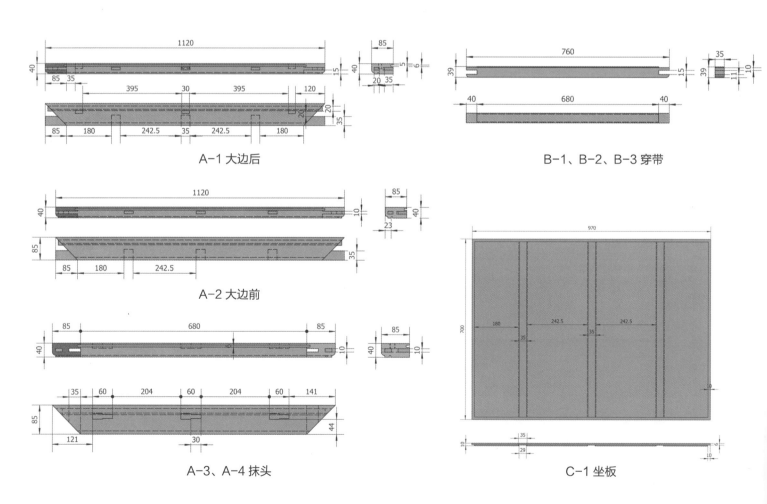

A-1 大边后

B-1、B-2、B-3 穿带

A-2 大边前

A-3、A-4 抹头

C-1 坐板

## 束腰、压线尺寸图解

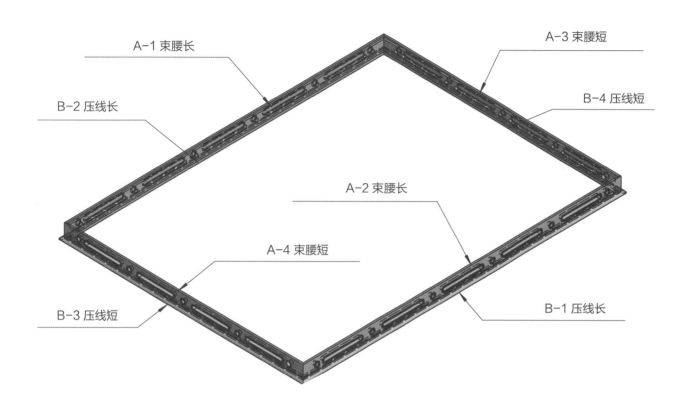

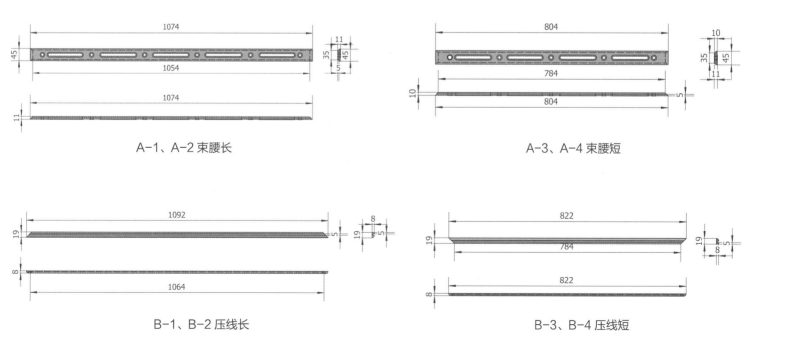

A-1、A-2 束腰长

A-3、A-4 束腰短

B-1、B-2 压线长

B-3、B-4 压线短

## 牙板尺寸图解

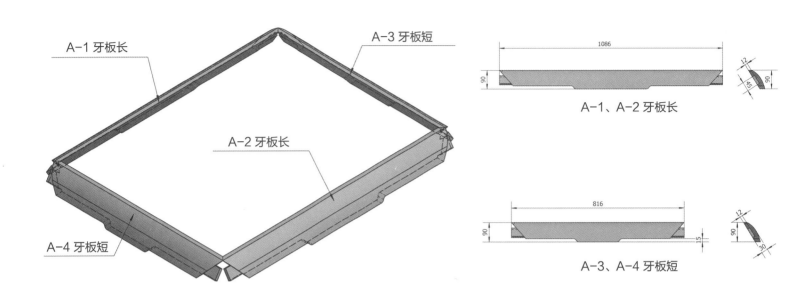

A-1 牙板长

A-3 牙板短

A-2 牙板长

A-4 牙板短

A-1、A-2 牙板长

A-3、A-4 牙板短

## 腿、托泥、脚垫尺寸图解

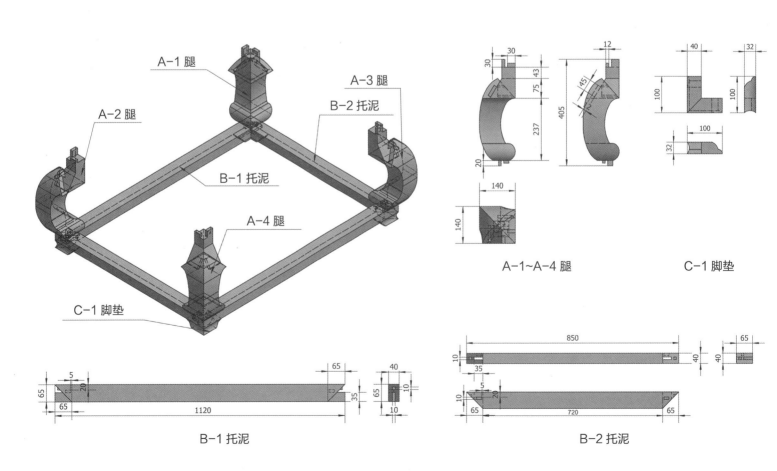

A-1 腿

A-3 腿

B-2 托泥

A-2 腿

B-1 托泥

A-4 腿

C-1 脚垫

A-1~A-4 腿

C-1 脚垫

B-1 托泥

B-2 托泥

**扶手尺寸图解**

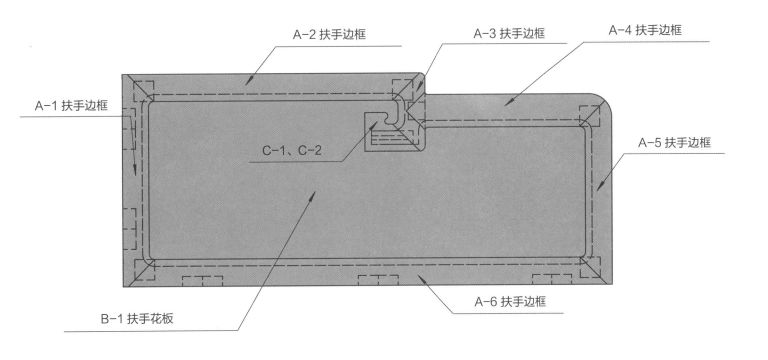

A-2 扶手边框　　A-3 扶手边框　　A-4 扶手边框

A-1 扶手边框

A-5 扶手边框

C-1、C-2

B-1 扶手花板

A-6 扶手边框

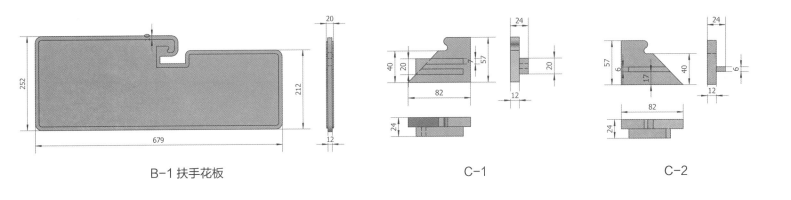

B-1 扶手花板　　　　　　　　　　C-1　　　　　　C-2

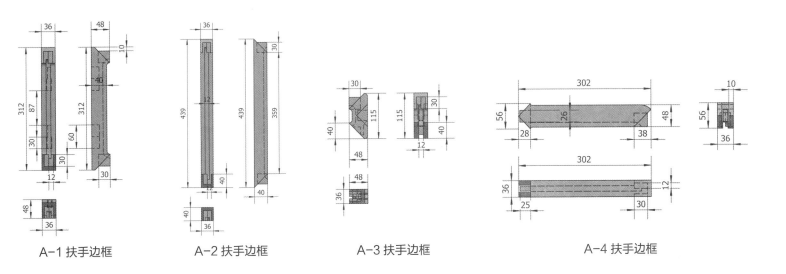

A-1 扶手边框　　　A-2 扶手边框　　　A-3 扶手边框　　　A-4 扶手边框

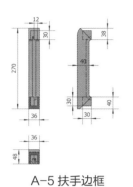

A-5 扶手边框

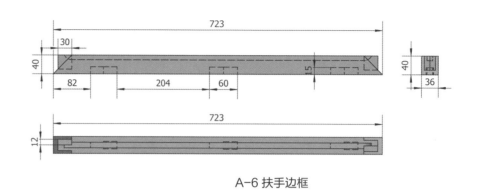

A-6 扶手边框

## 后背边框、背板、搭脑尺寸图解

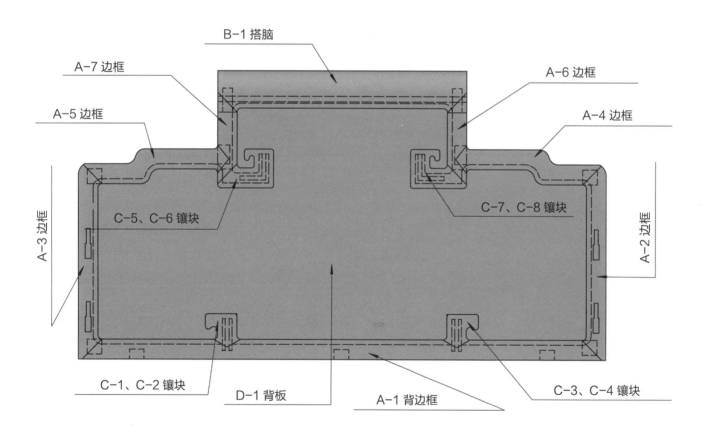

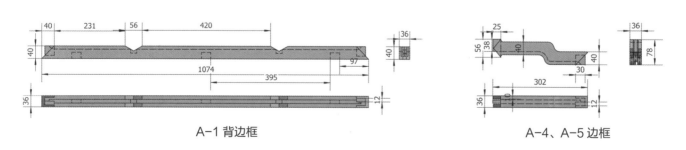

A-1 背边框

A-4、A-5 边框

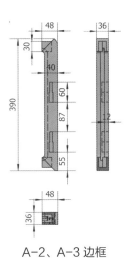

A-2、A-3 边框

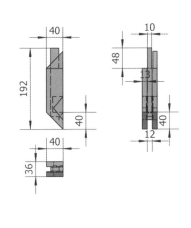

A-6、A-7 边框

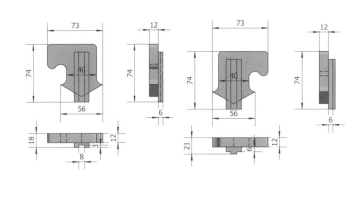

C-1~C-4 镶块

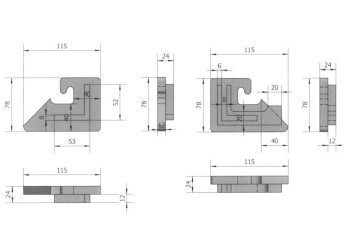

C-5~C-8 镶块

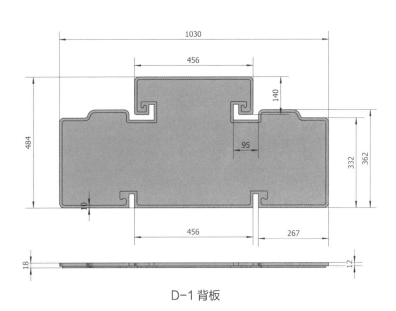

D-1 背板

销　　　　　　B-1 搭脑

# 嵌玉雕云龙纹宝座

规格：1090mm × 840mm × 1040mm

本品连销在内共有 79 个部件，屏风式坐围主要构件有束腰、牙板、腿、

托泥，下有脚垫。

观看视频请扫此图

手机 QQ 扫一扫
观看 3D 结构图

全景家具图
放　置　区

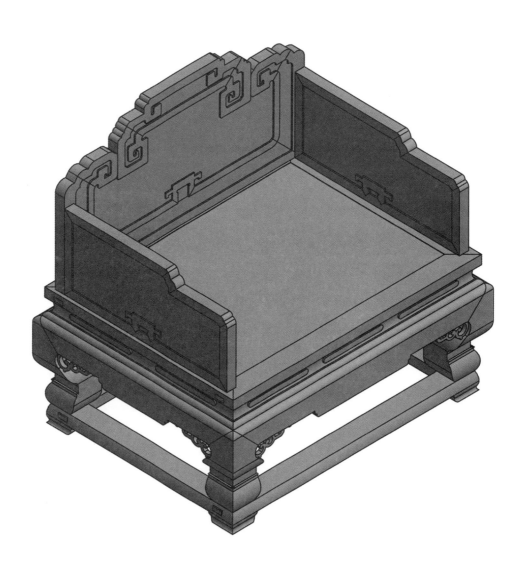

## 三视图尺寸图解

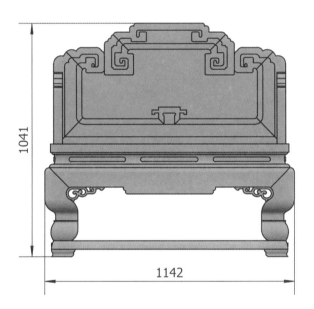

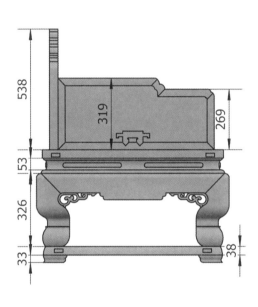

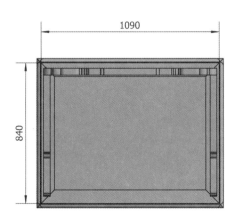

## 大边、抹头、坐板、穿带尺寸图解

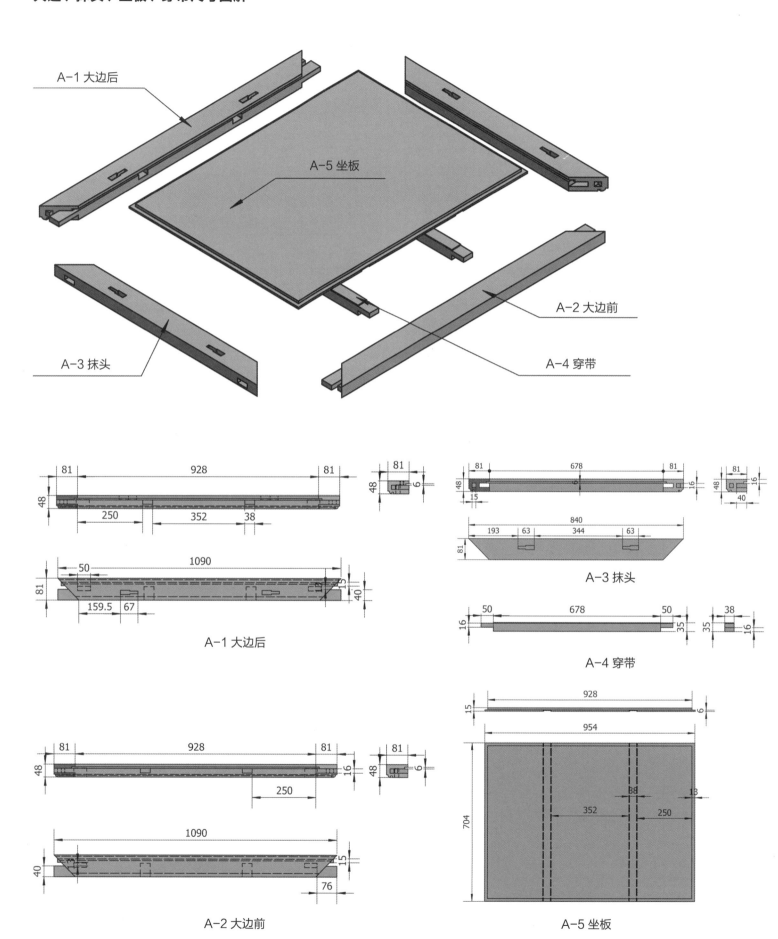

# 束腰、压线、牙板、托泥、垫脚尺寸图解

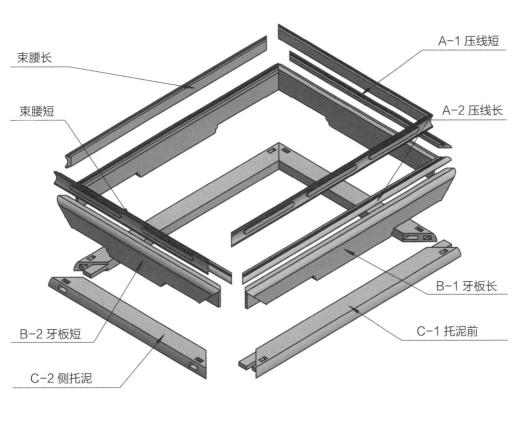

束腰长

束腰短

A-1 压线短

A-2 压线长

B-1 牙板长

C-1 托泥前

B-2 牙板短

C-2 侧托泥

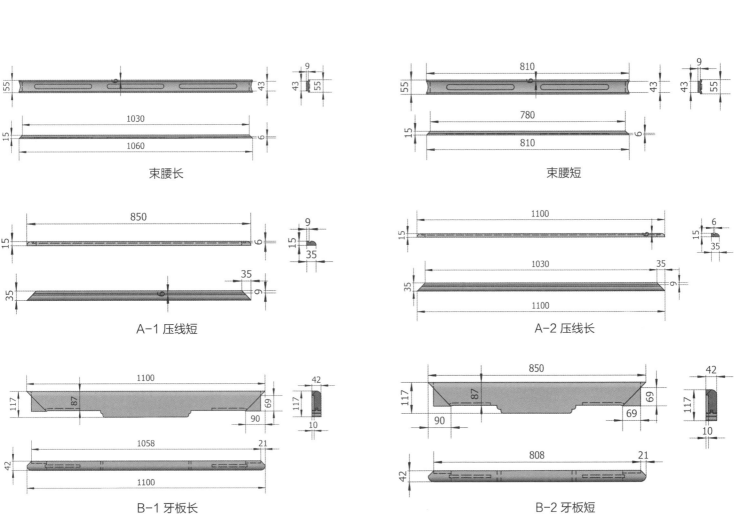

束腰长

束腰短

A-1 压线短

A-2 压线长

B-1 牙板长

B-2 牙板短

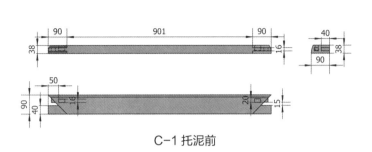

C-1 托泥前

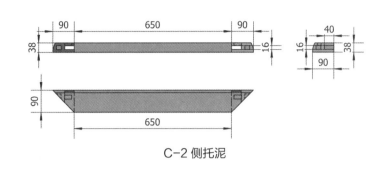

C-2 侧托泥

## 腿、垫脚尺寸图解

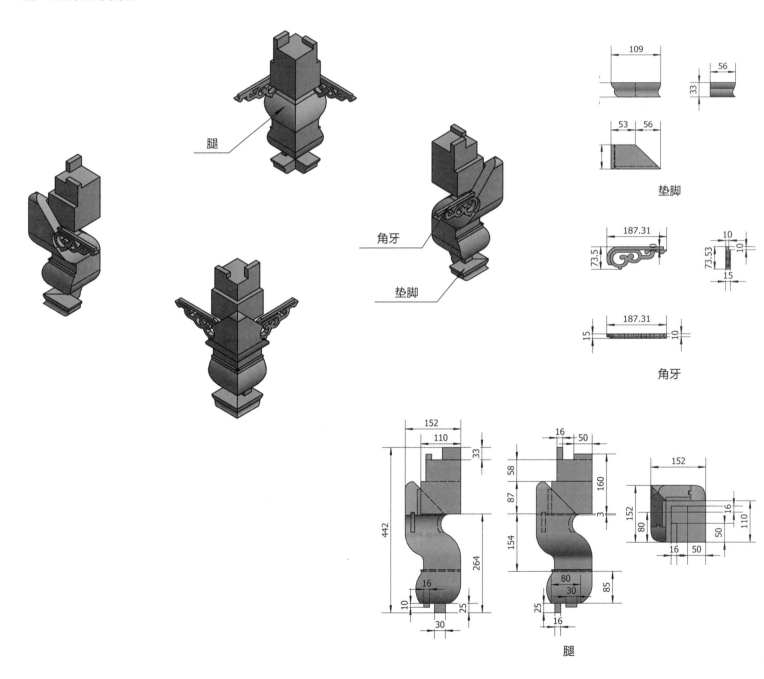

**扶手边框、扶手花板尺寸图解**

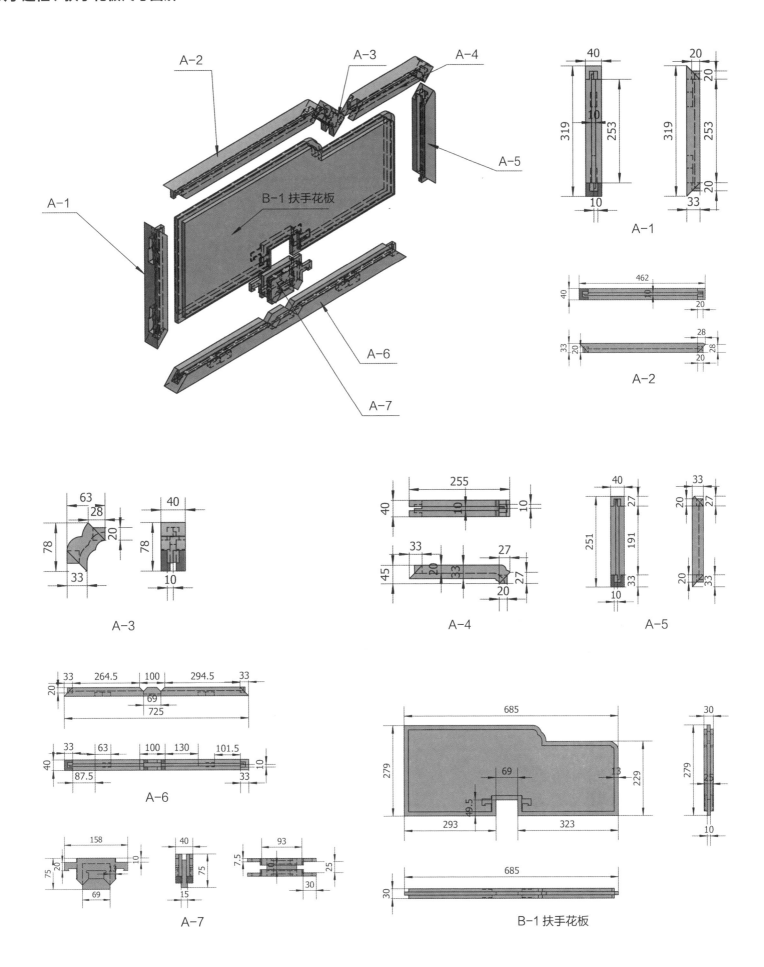

A-2
A-3
A-4
A-5
A-1
B-1 扶手花板
A-6
A-7

A-1

A-2

A-3

A-4

A-5

A-6

A-7

B-1 扶手花板

**后背边框、搭脑、背板尺寸图解**

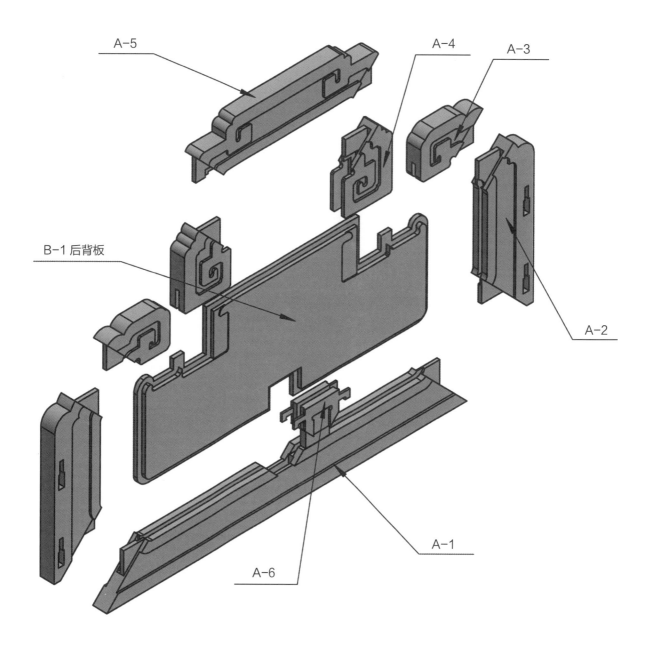

A-5

A-4

A-3

B-1 后背板

A-2

A-1

A-6

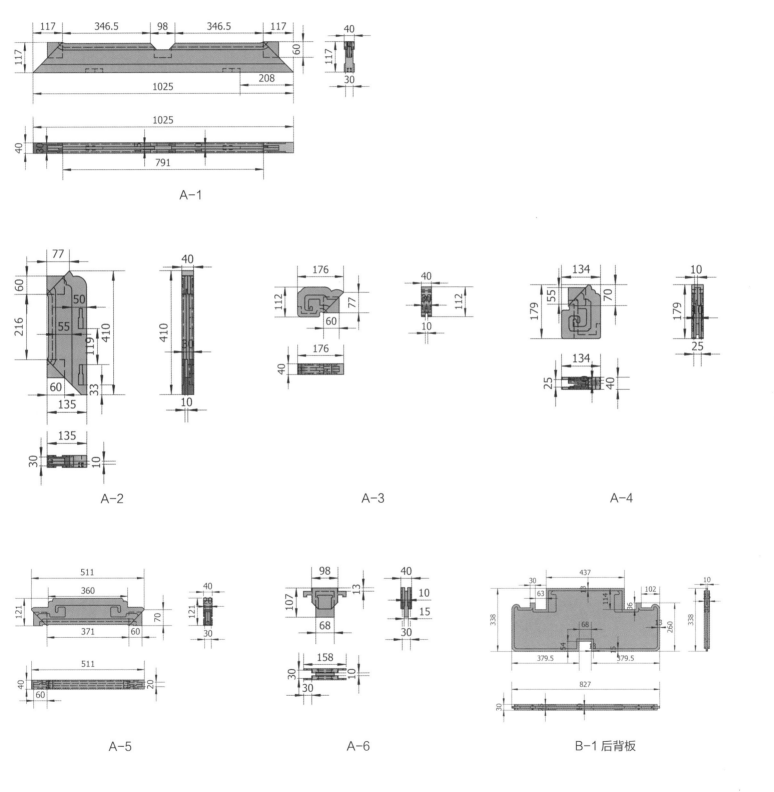

A-1

A-2

A-3

A-4

A-5

A-6

B-1 后背板

# 八仙桌

规格：970mm×970mm×830mm

此桌下面束腰，腿间罗锅枨，腿内侧及罗锅枨起阳线腿内翻。结构简洁，共由 27 个部件组合而成。

**观看视频请扫此图**

手机 QQ 扫一扫
观看 3D 结构图

全景家具图
放 置 区

**三视图尺寸图解**

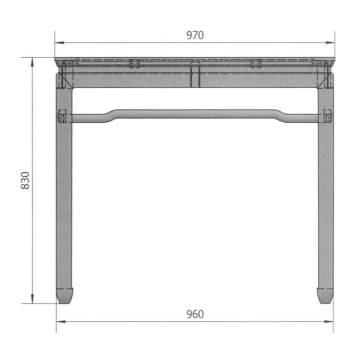

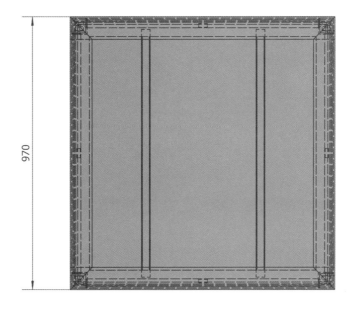

## 边框、穿带、面板尺寸图解

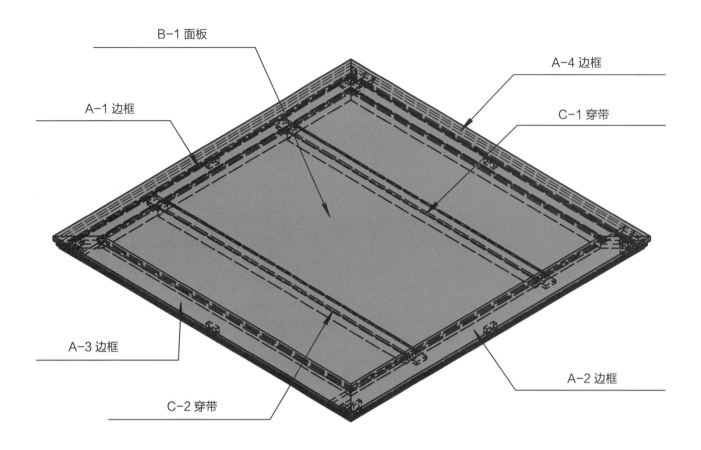

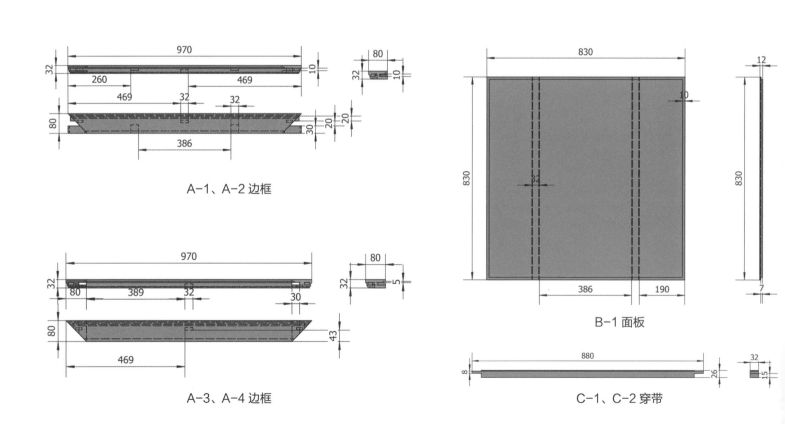

A-1、A-2 边框

A-3、A-4 边框

B-1 面板

C-1、C-2 穿带

## 腿、束腰、罗锅枨、牙板、挂榫尺寸图解

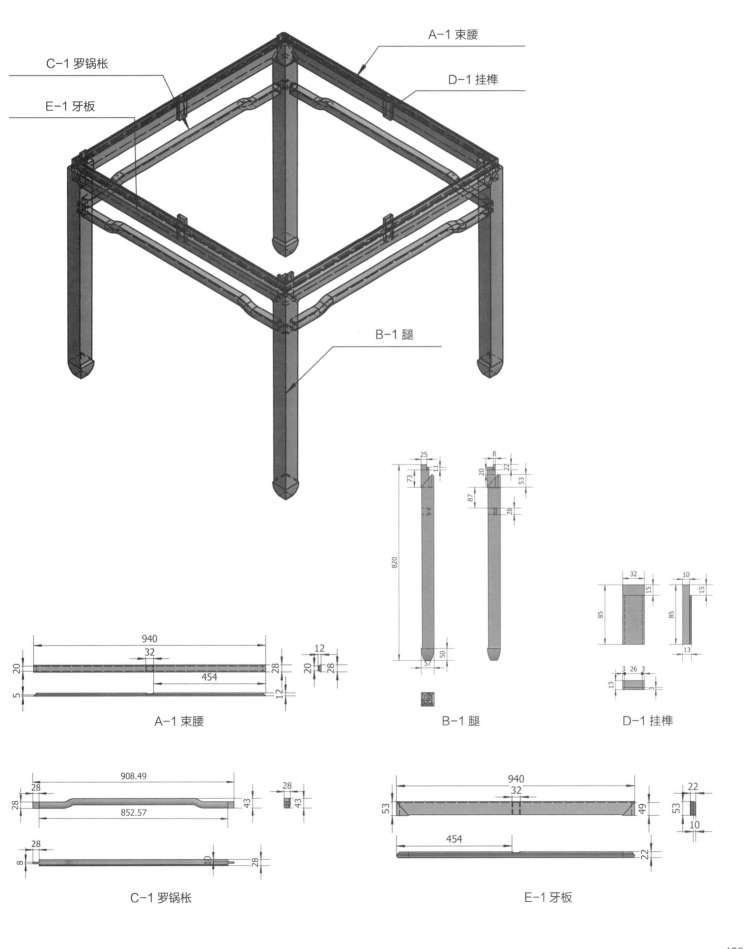

A-1 束腰

C-1 罗锅枨

E-1 牙板

B-1 腿

D-1 挂榫

# 龙头八仙桌

规格：1030mm × 1030mm × 810mm

本品由 80 个部件组装而成，边框、面板下有束腰及牙板，下有螭龙拐子纹组件。

**观看视频请扫此图**

手机 QQ 扫一扫
观看 3D 结构图

全景家具图
放置区

# 三视图尺寸图解

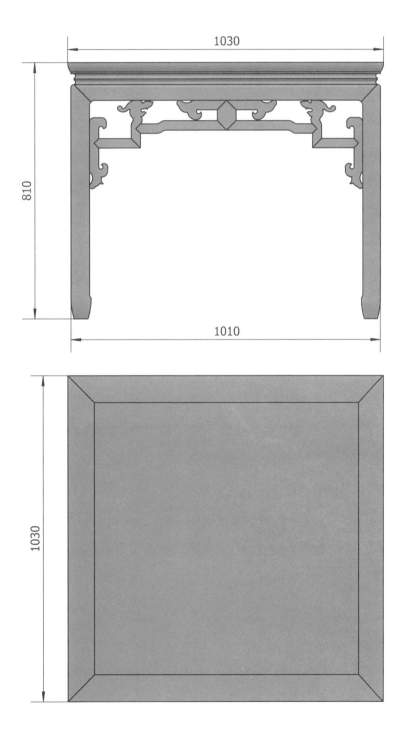

## 边框、面板、穿带尺寸图解

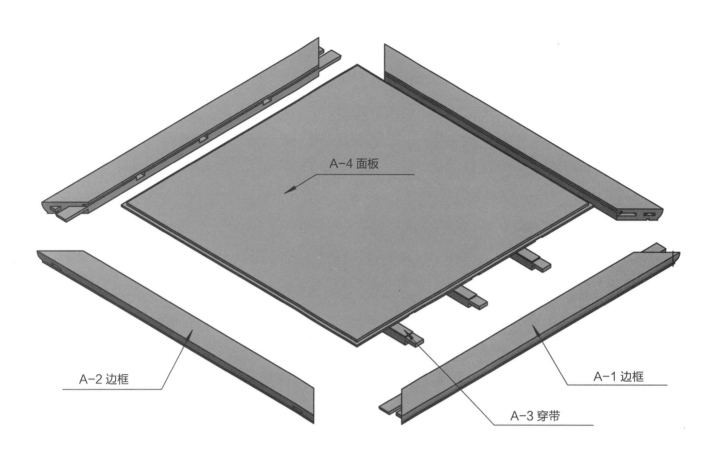

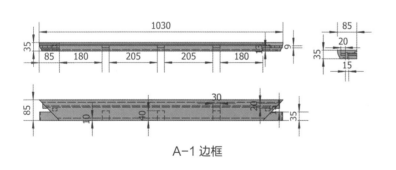

A-1 边框

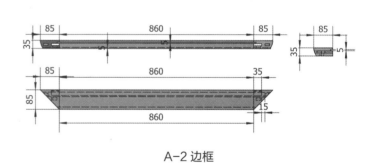

A-2 边框

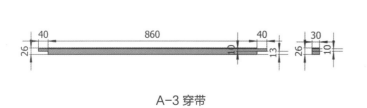

A-3 穿带

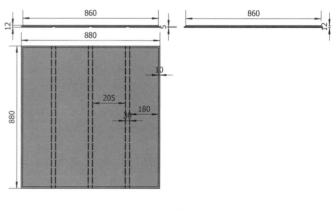

A-4 面板

**边框、穿带、面板尺寸图解**

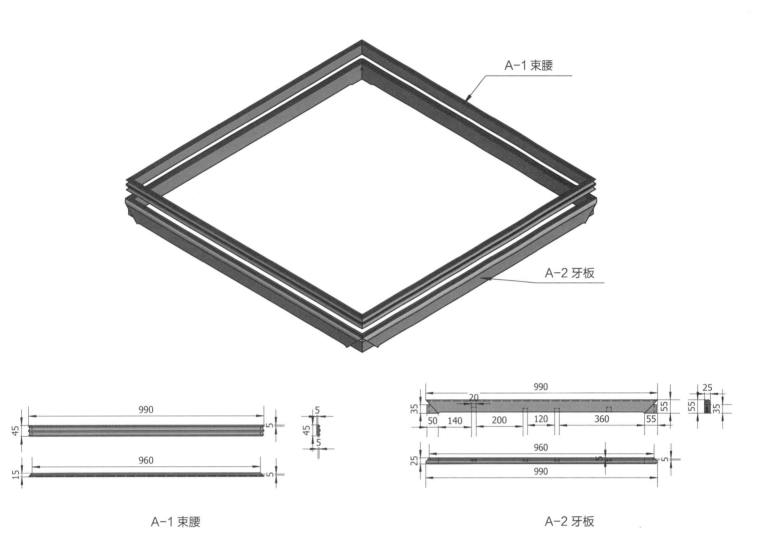

990
45
5
960
15
5
45
5
5

A-1 束腰

990
35
20
50　140　200　120　360　55
55
25
55
35
960
25
5
990
5

A-2 牙板

**腿、螭龙拐子纹尺寸图解**

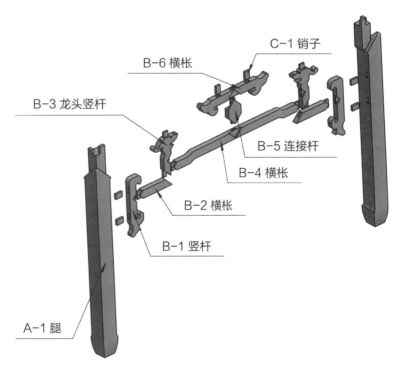

C-1 销子
B-6 横枨
B-3 龙头竖杆
B-5 连接杆
B-4 横枨
B-2 横枨
B-1 竖杆
A-1 腿

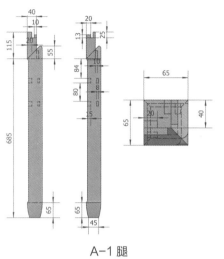

A-1 腿

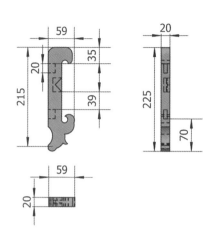

B-1 竖杆

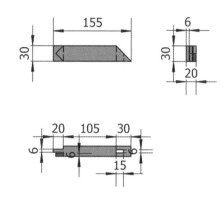

B-2 横枨

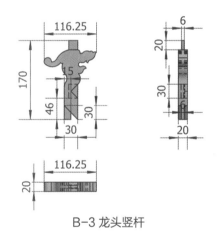

B-3 龙头竖杆

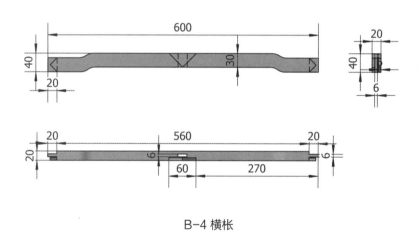

B-4 横枨

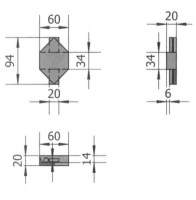

B-5 连接杆

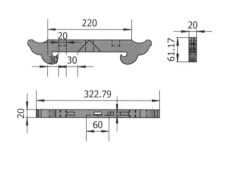

B-6 横枨

# 钩云方桌

规格：920mm×920mm×870mm

本品主要构架有边框、面板、穿带、裹腿横枨等，连销在内共 43 个部件。

## 三视图尺寸图解

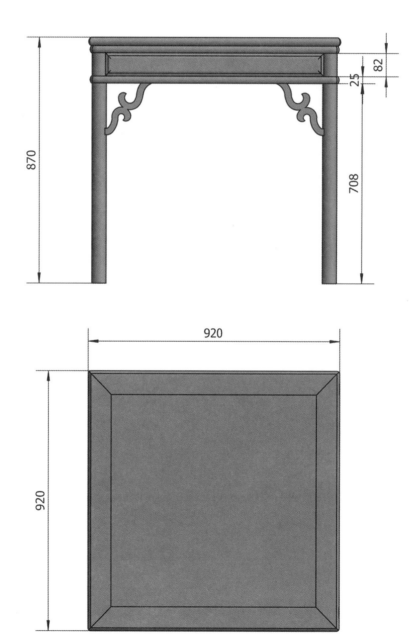

## 边框、面板、穿带尺寸图解

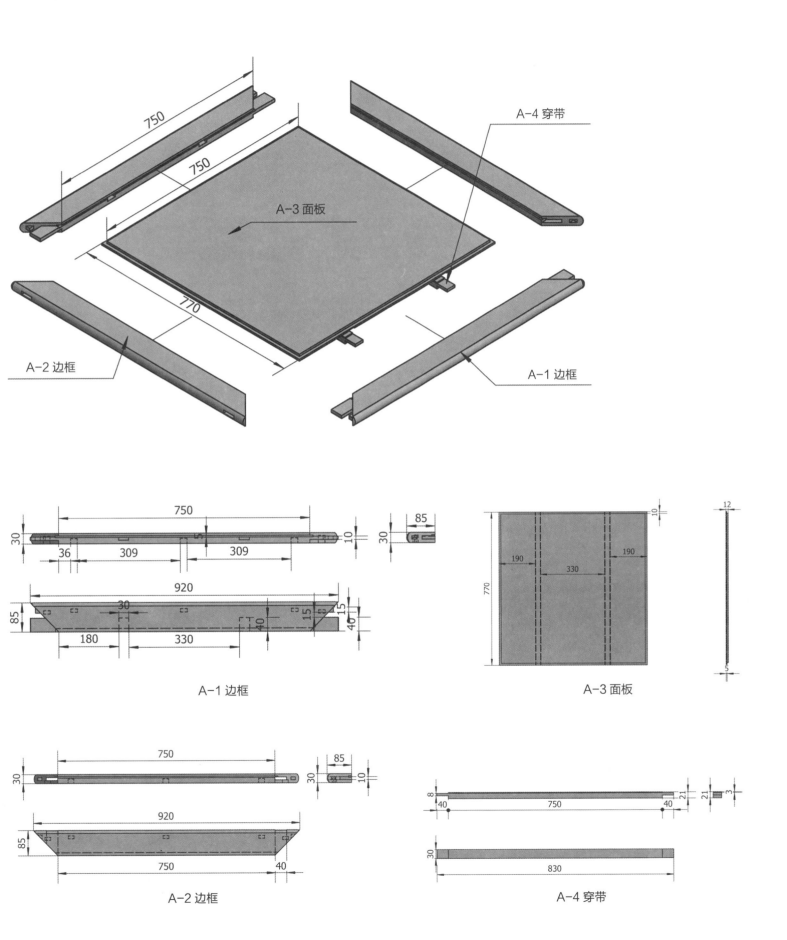

A-1 边框

A-3 面板

A-2 边框

A-4 穿带

**裹腿横枨、绦环板、腿尺寸图解**

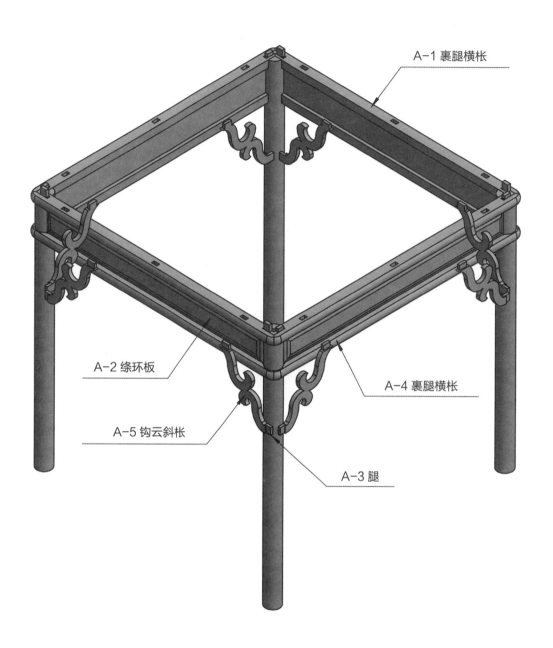

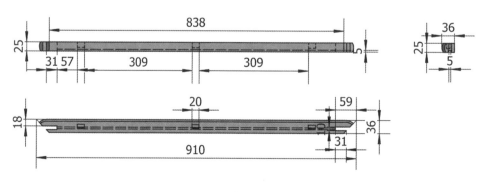

A-1 裹腿横枨

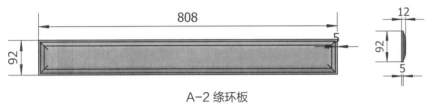

A-2 绦环板

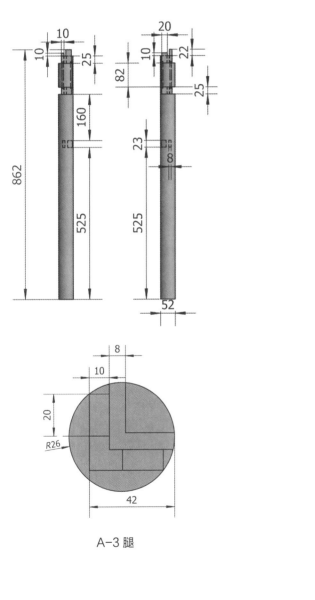

862

A-3 腿

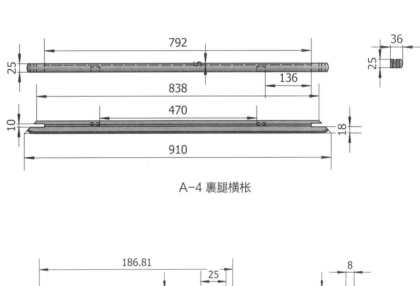

A-4 裹腿横枨

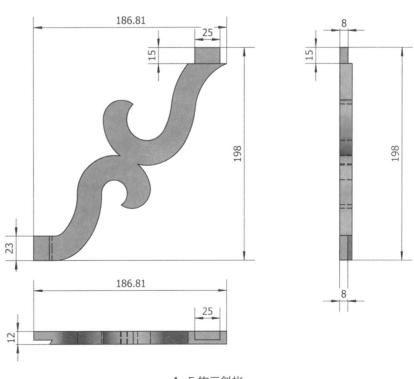

A-5 钩云斜枨

# 明一腿三牙罗锅枨方桌

规格：980mm × 980mm × 830mm

本品由 24 个部件组装而成。

观看视频请扫此图

手机 QQ 扫一扫
观看 3D 结构图

全景家具图
放置区

## 三视图尺寸图解

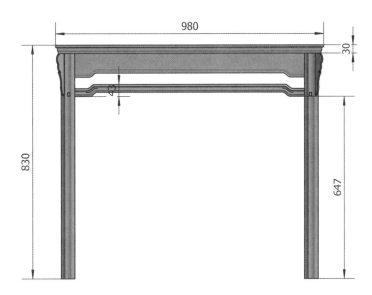

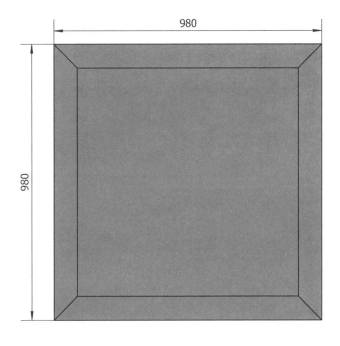

## 边框、面板、穿带尺寸图解

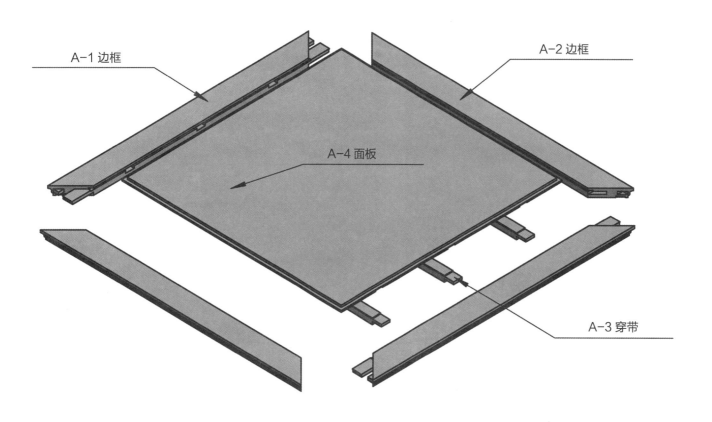

A-1 边框
A-2 边框
A-4 面板
A-3 穿带

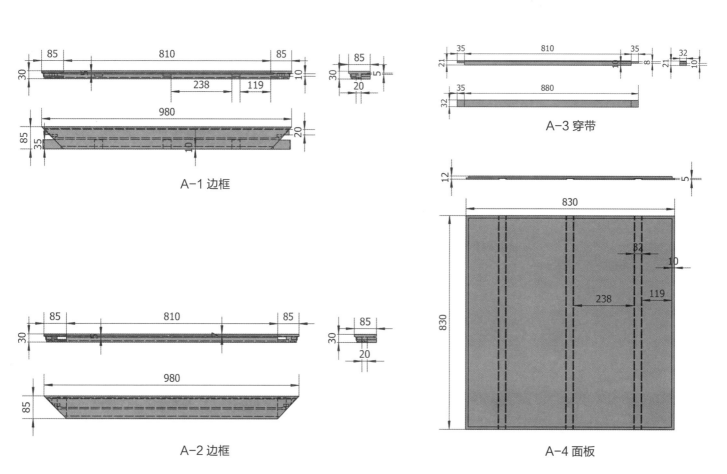

A-1 边框

A-2 边框

A-3 穿带

A-4 面板

**牙条、罗锅枨、腿尺寸图解**

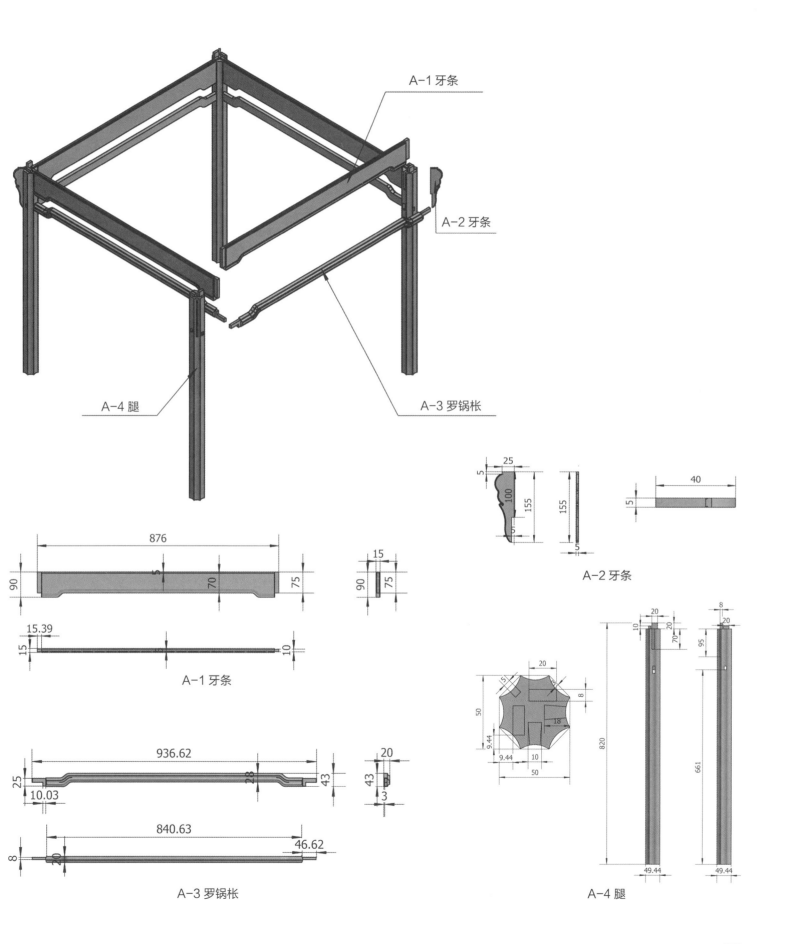

A-1 牙条

A-2 牙条

A-3 罗锅枨

A-4 腿

A-1 牙条

A-2 牙条

A-3 罗锅枨

A-4 腿

# 方桌

规格：1000mm × 1000mm × 820mm

本品由 43 个部件组装而成。

**观看视频请扫此图**

手机 QQ 扫一扫
观看 3D 结构图

全景家具图
放 置 区

## 三视图尺寸图解

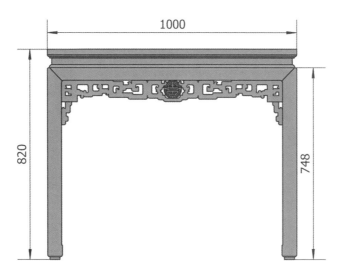

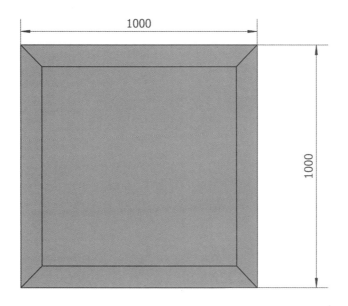

## 边框、面板、穿带尺寸图解

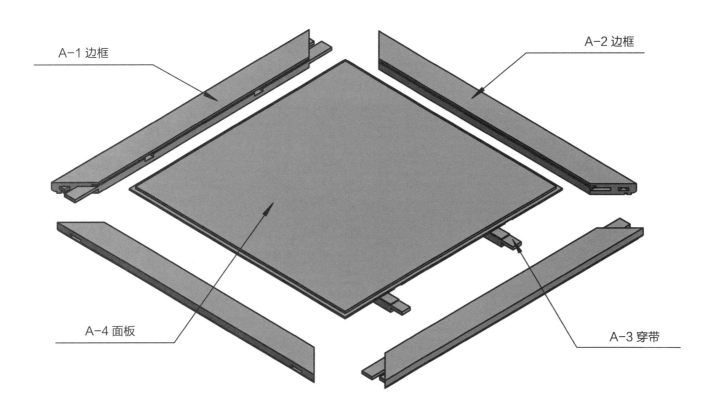

A-1 边框

A-2 边框

A-4 面板

A-3 穿带

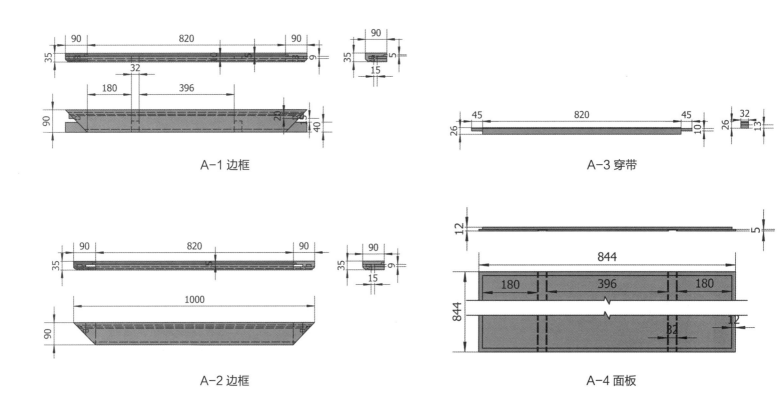

A-1 边框

A-3 穿带

A-2 边框

A-4 面板

**束腰、压线、牙板、牙条、腿尺寸图解**

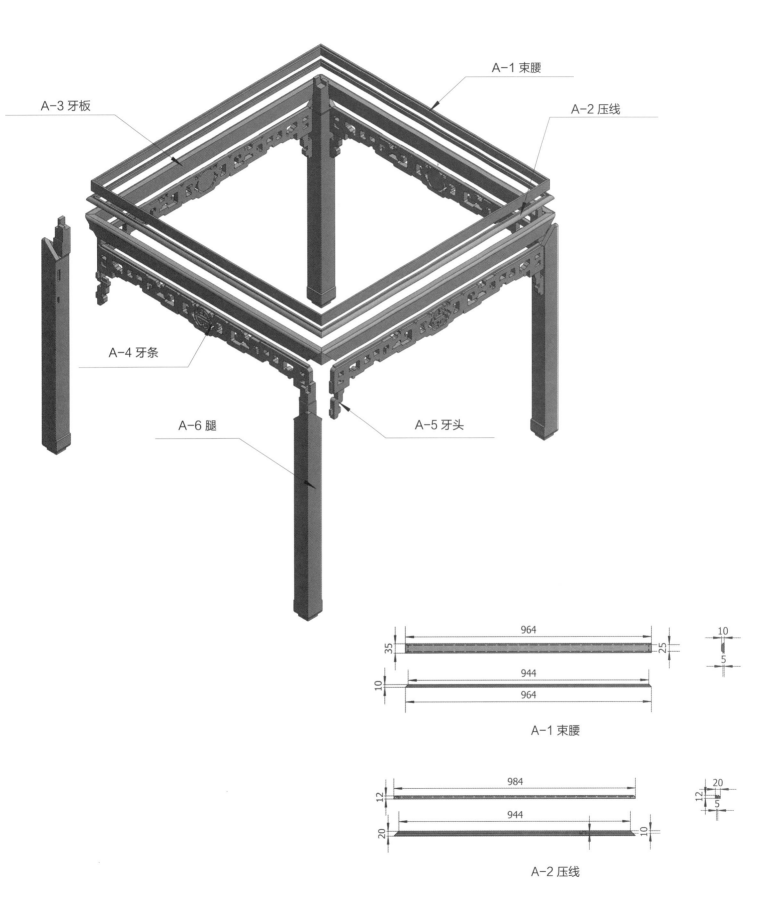

A-3 牙板

A-1 束腰

A-2 压线

A-4 牙条

A-6 腿

A-5 牙头

964
35
25
944
964
10
10
5

A-1 束腰

984
12
944
20
10
20
12
5

A-2 压线

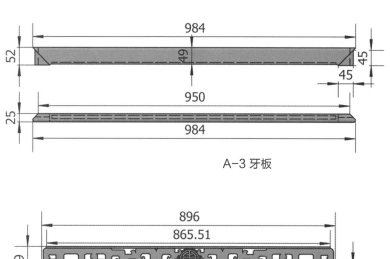

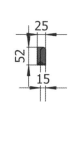

A-3 牙板

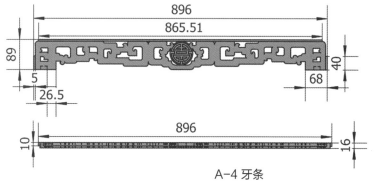

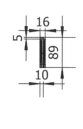

A-4 牙条

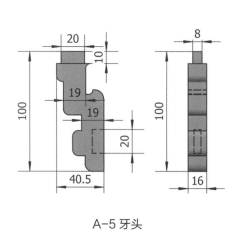

A-5 牙头

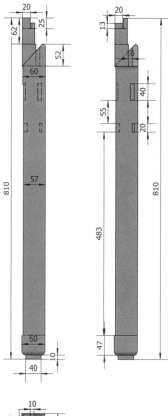

A-6 腿

# 霸王枨方桌

规格：980mm×980mm×830mm

本品由 24 个部件组装而成。

**三视图尺寸图解**

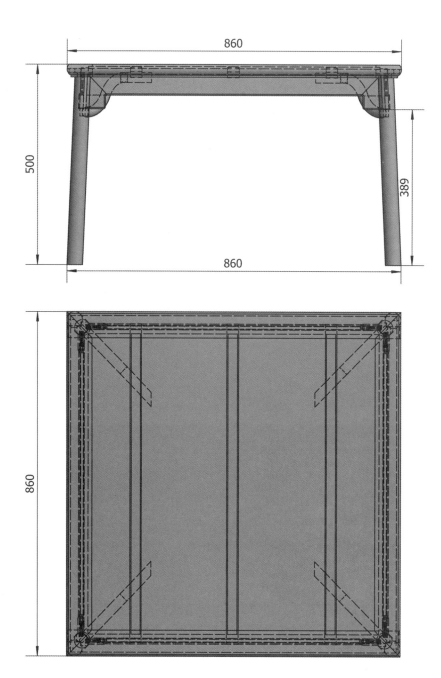

## 大边、抹头、面板、穿带尺寸图解

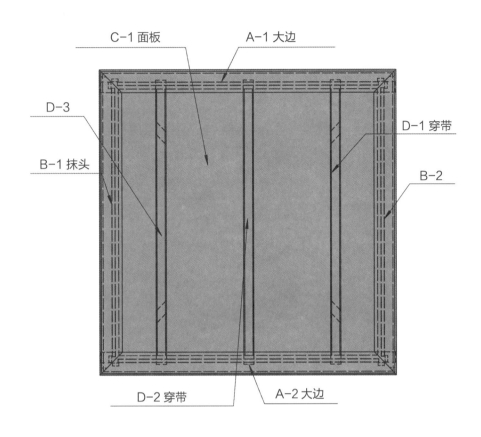

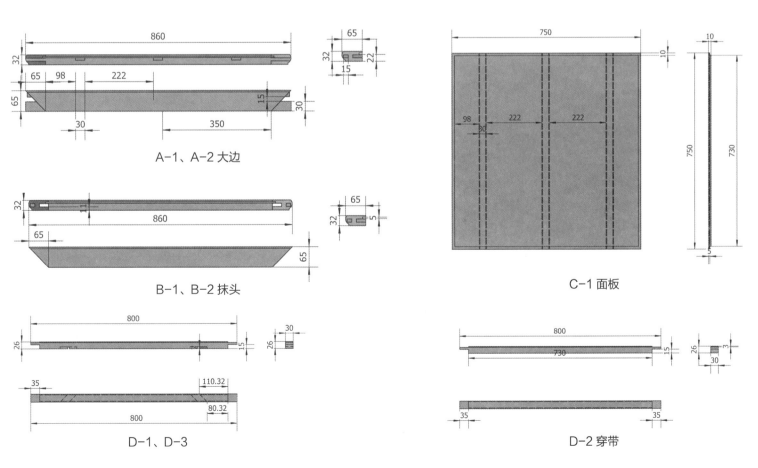

A-1、A-2 大边

B-1、B-2 抹头

C-1 面板

D-1、D-3

D-2 穿带

牙头、牙条、霸王枨、腿尺寸图解

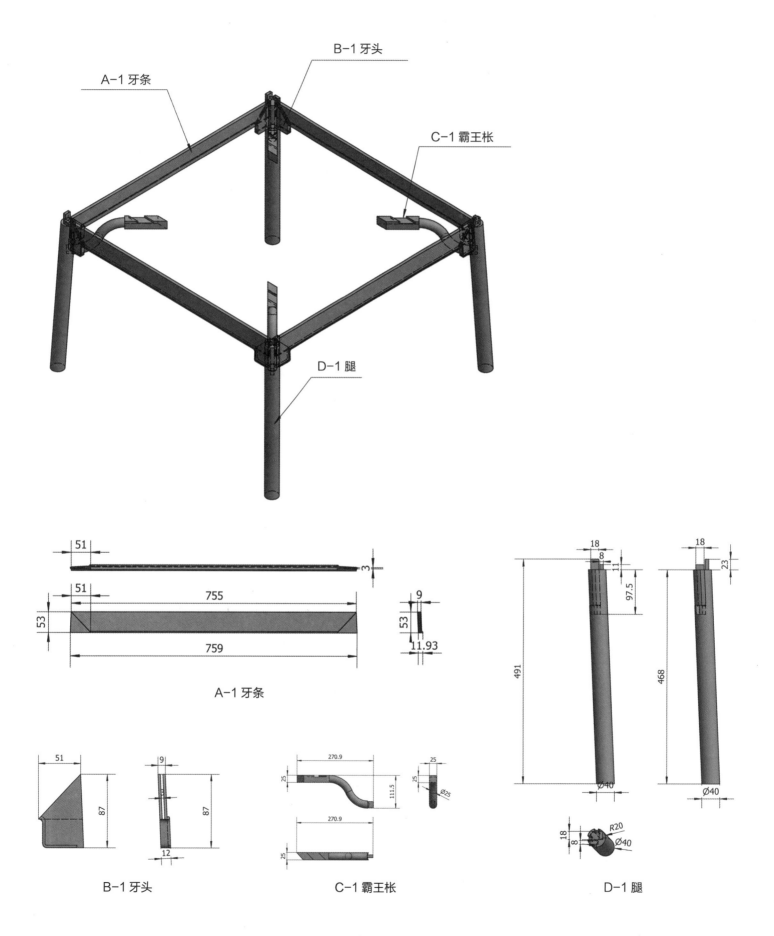

B-1 牙头

A-1 牙条

C-1 霸王枨

D-1 腿

A-1 牙条

B-1 牙头

C-1 霸王枨

D-1 腿

# 长方桌

规格：1635mm×667mm×865mm

本品由 41 个部件组装而成。

## 三视图尺寸图解

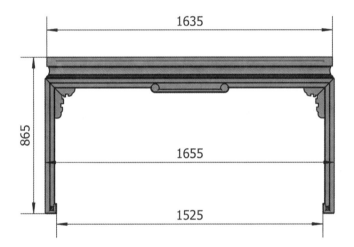

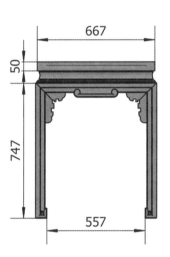

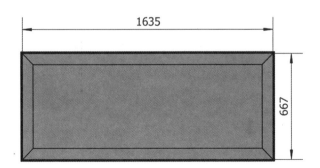

## 大边、抹头、面板、穿带尺寸图解

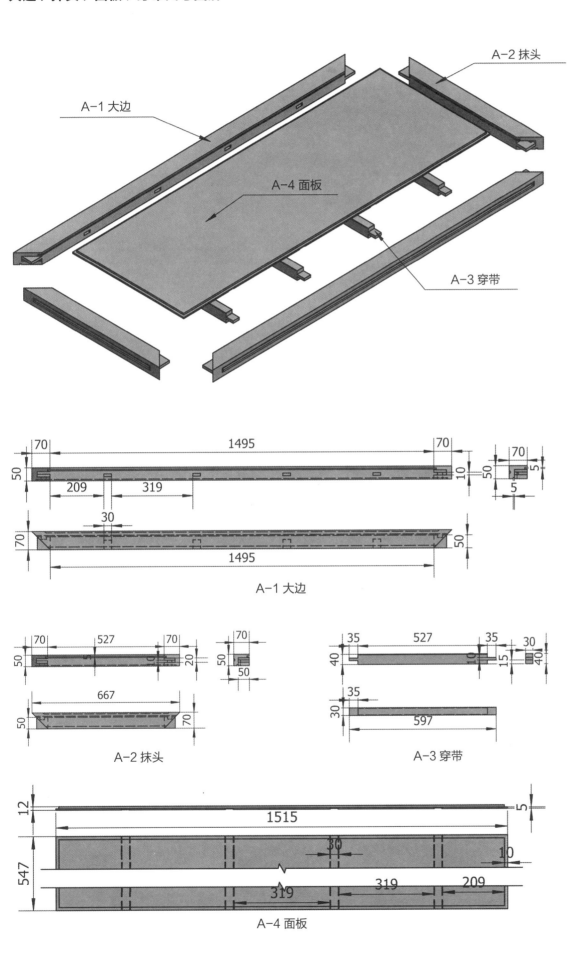

A-2 抹头

A-1 大边

A-4 面板

A-3 穿带

A-1 大边

A-2 抹头

A-3 穿带

A-4 面板

## 束腰、压线、牙条、牙头、腿尺寸图解

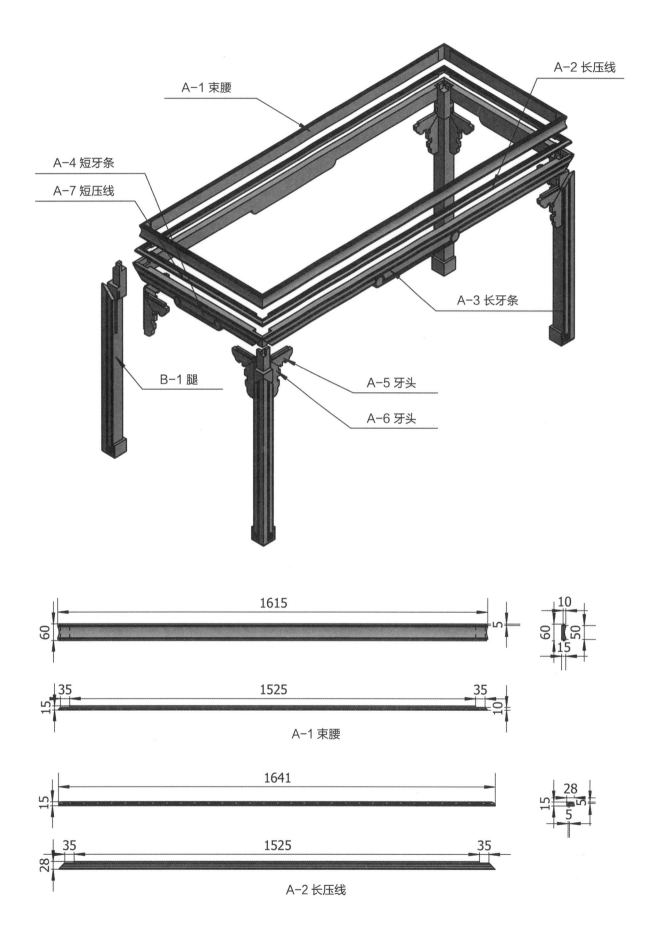

A-1 束腰

A-2 长压线

A-4 短牙条

A-7 短压线

A-3 长牙条

B-1 腿

A-5 牙头

A-6 牙头

1615

60

5

10

60

50

15

35 · 1525 · 35

15

10

A-1 束腰

1641

15

28

5

5

15

35 · 1525 · 35

28

A-2 长压线

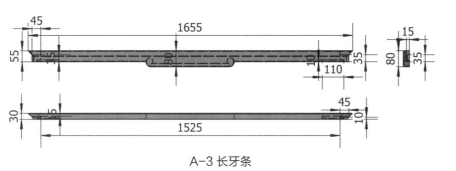

A-3 长牙条

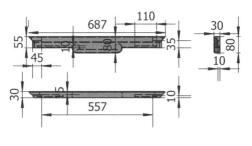

A-4 短牙条

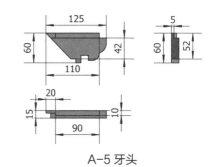

A-5 牙头

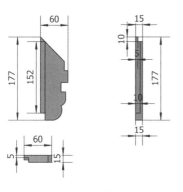

A-6 牙头

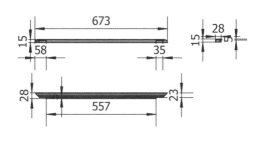

A-7 短压线

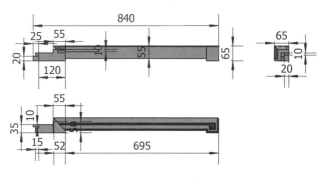

B-1 腿

# 条桌

规格：990mm×350mm×820mm

本品由 58 个部件组装而成。

**观看视频请扫此图**

手机 QQ 扫一扫
观看 3D 结构图

全景家具图
放 置 区

## 三视图尺寸图解

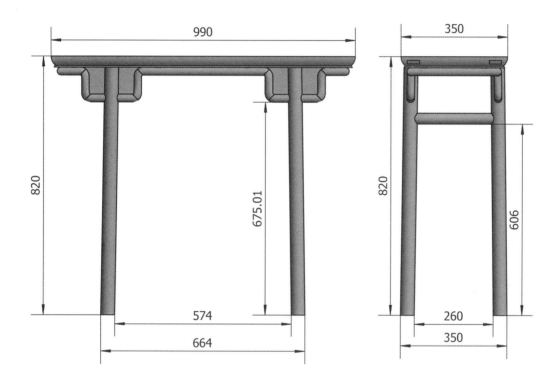

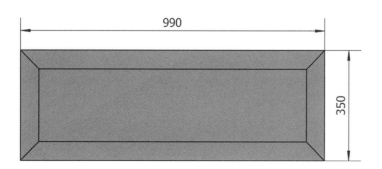

## 大边、抹头、面板、穿带尺寸图解

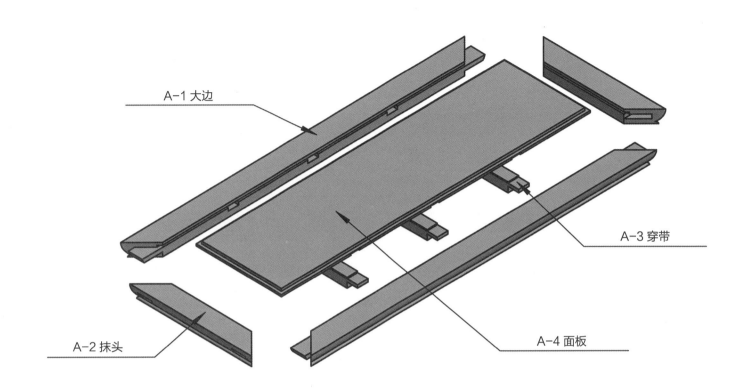

A-1 大边

A-3 穿带

A-2 抹头

A-4 面板

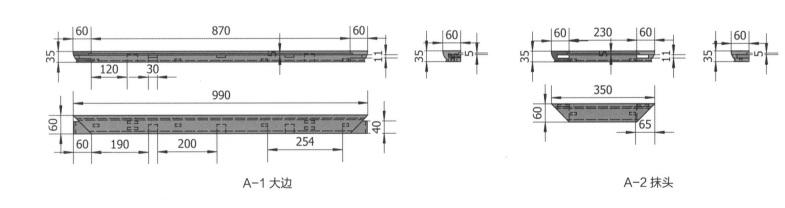

A-1 大边

A-2 抹头

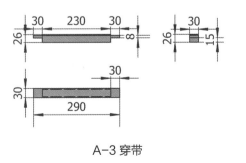

A-3 穿带

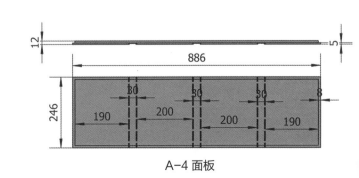

A-4 面板

**横枨、竖杆、腿尺寸图解**

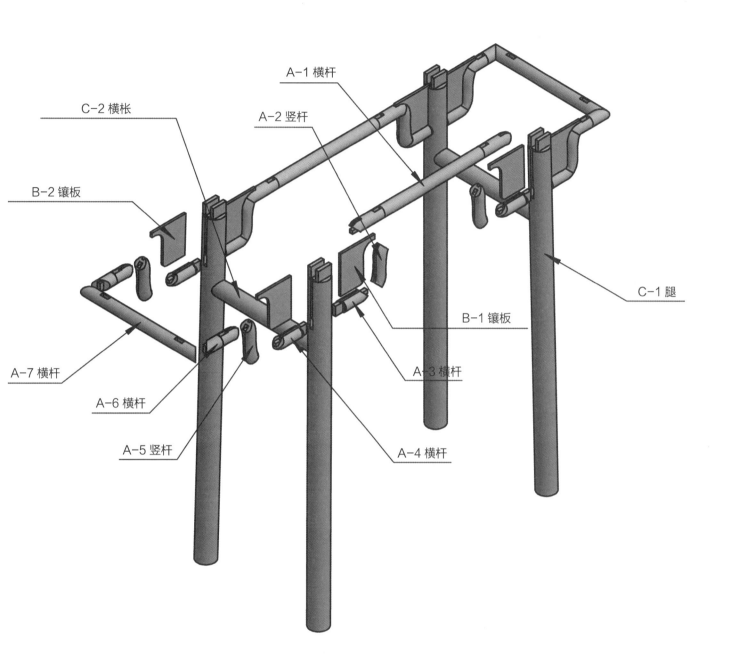

C-2 横枨

A-1 横杆

A-2 竖杆

B-2 镶板

C-1 腿

A-7 横杆

B-1 镶板

A-6 横杆

A-3 横杆

A-5 竖杆

A-4 横杆

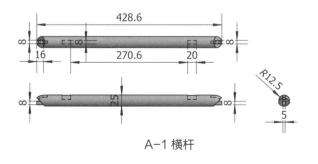

A-1 横杆

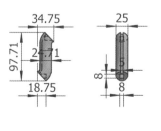

A-2 竖杆

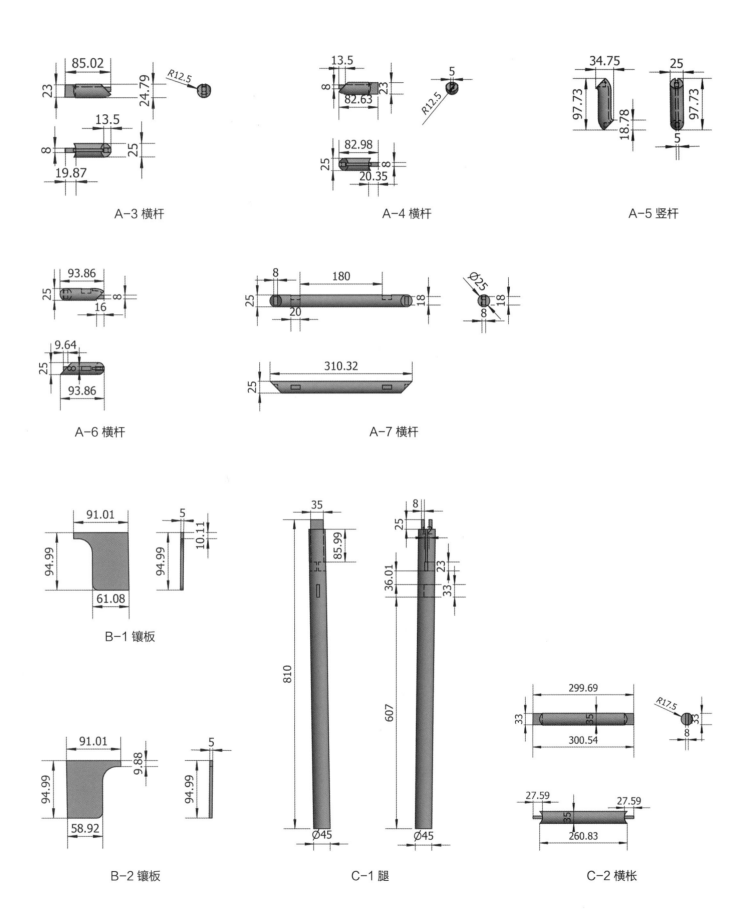

A-3 横杆

A-4 横杆

A-5 竖杆

A-6 横杆

A-7 横杆

B-1 镶板

B-2 镶板

C-1 腿

C-2 横枨

# 拐子纹条桌

规格：1175mm×385mm×835mm

本品由边框、束腰、牙板、腿、角牙、销等 48 个部件组成。

## 三视图尺寸图解

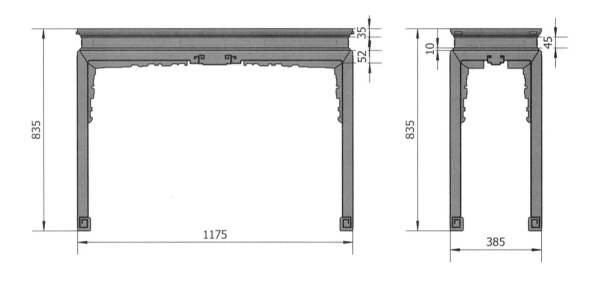

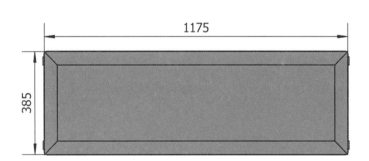

## 大边、抹头、面板、穿带尺寸图解

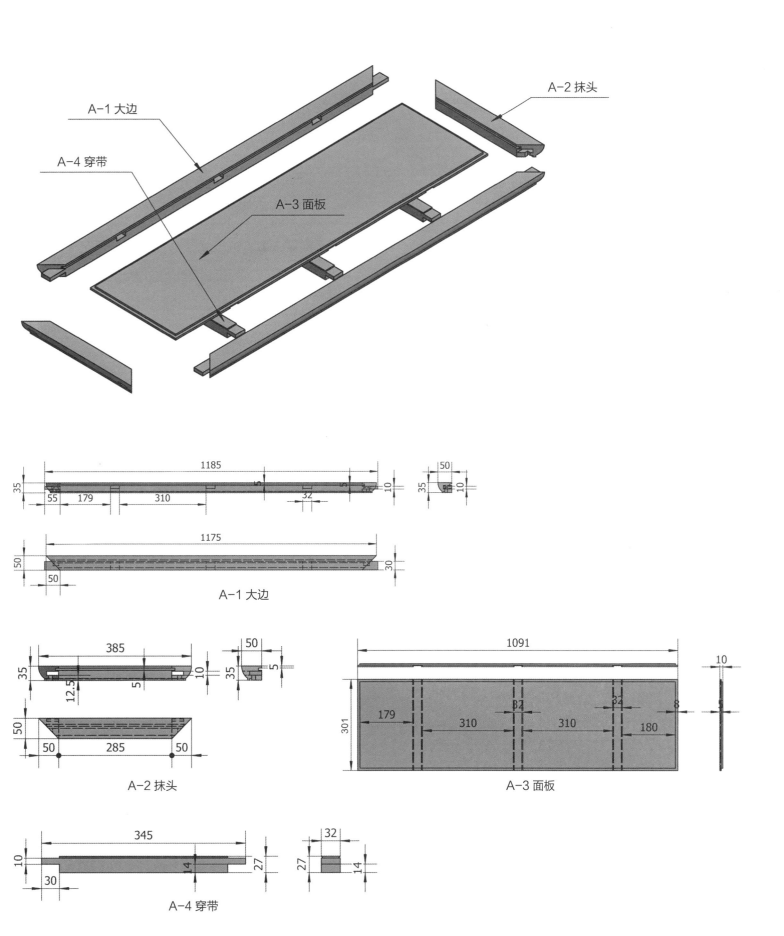

A-1 大边

A-4 穿带

A-3 面板

A-2 抹头

A-1 大边

A-2 抹头

A-3 面板

A-4 穿带

## 束腰、压线、牙板尺寸图解

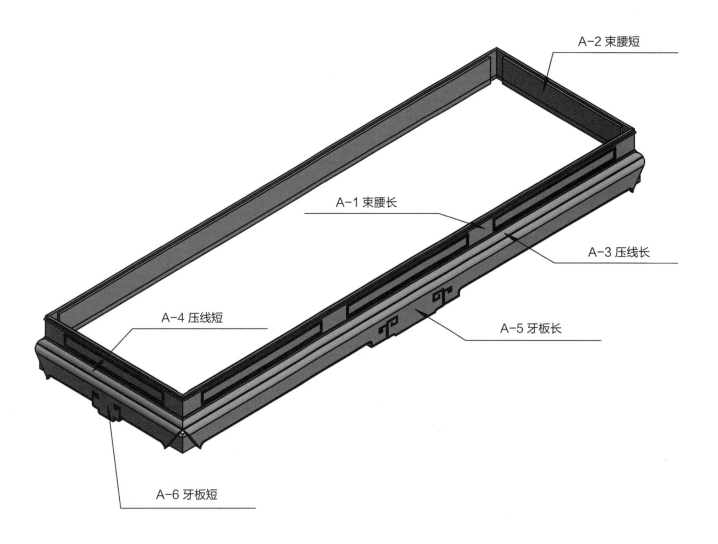

A-2 束腰短

A-1 束腰长

A-3 压线长

A-4 压线短

A-5 牙板长

A-6 牙板短

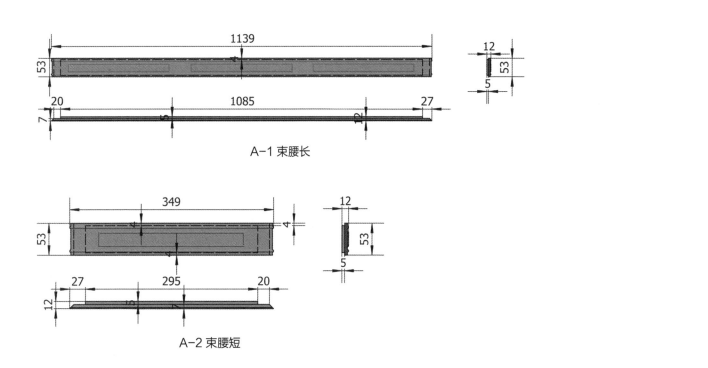

A-1 束腰长

A-2 束腰短

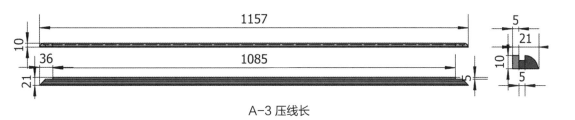

A-3 压线长

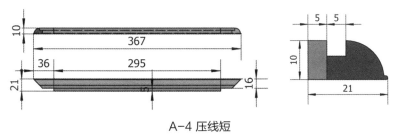

A-4 压线短

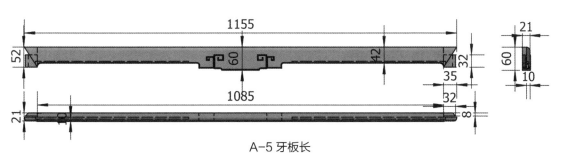

A-5 牙板长

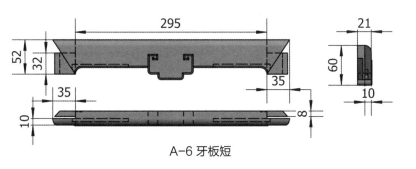

A-6 牙板短

## 腿、牙条、牙头尺寸图解

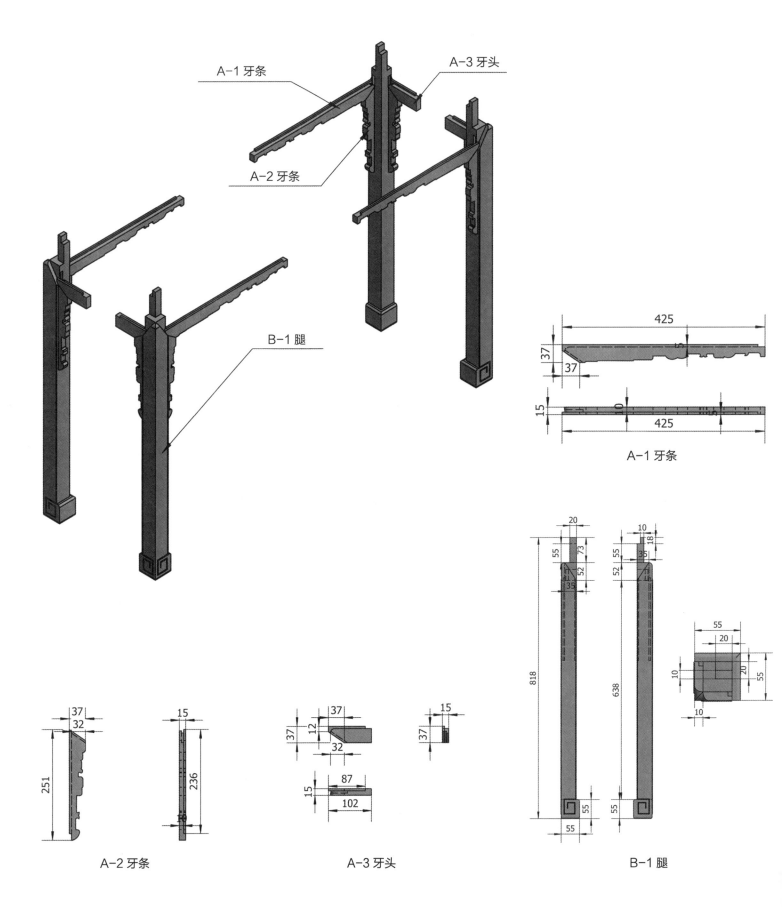

A-1 牙条

A-2 牙条

A-3 牙头

B-1 腿

# 绦环板长桌

规格：1460mm×570mm×860mm

本品利用裹腿做工艺制成，由边框、面板、腿、裹腿横枨等组装而成，一共有 55 个部件。

**观看视频请扫此图**

手机 QQ 扫一扫
观看 3D 结构图

全景家具图
放 置 区

## 三视图尺寸图解

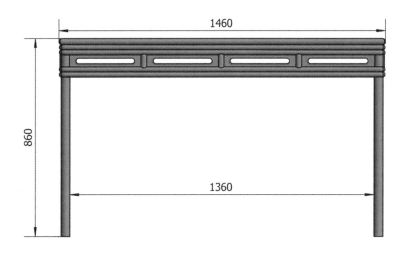

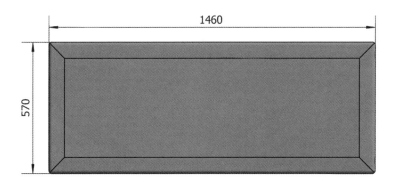

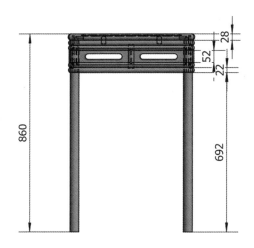

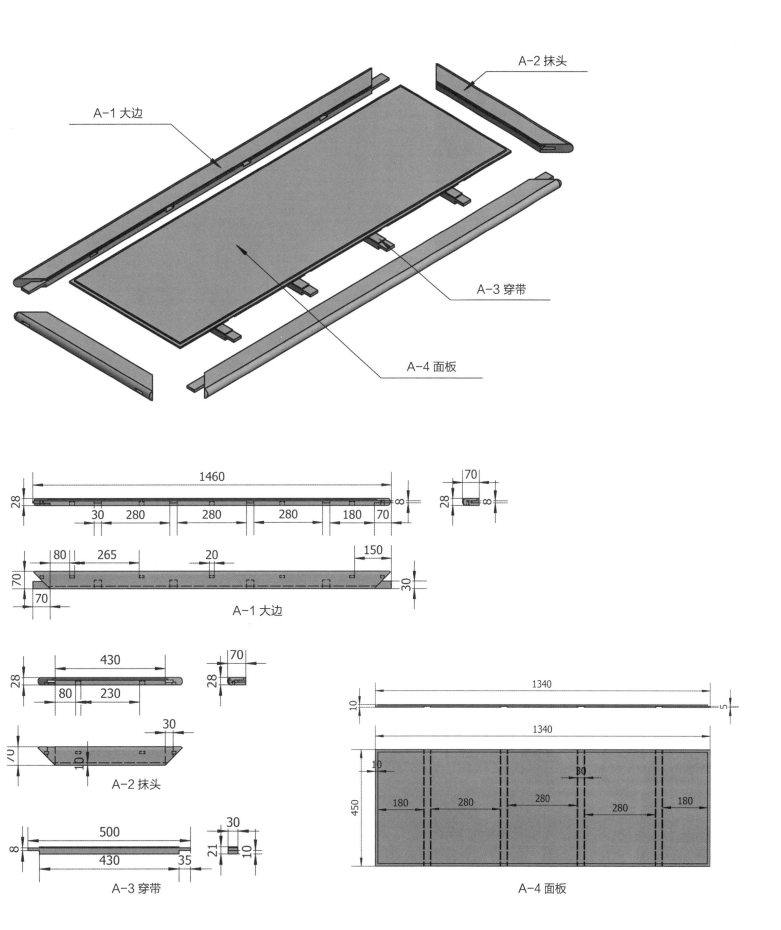

## 大边、抹头、穿带尺寸图解

A-1 大边

A-2 抹头

A-3 穿带

A-4 面板

A-1 大边

A-2 抹头

A-3 穿带

A-4 面板

## 裹腿、横枨、矮老、绦环板、腿尺寸图解

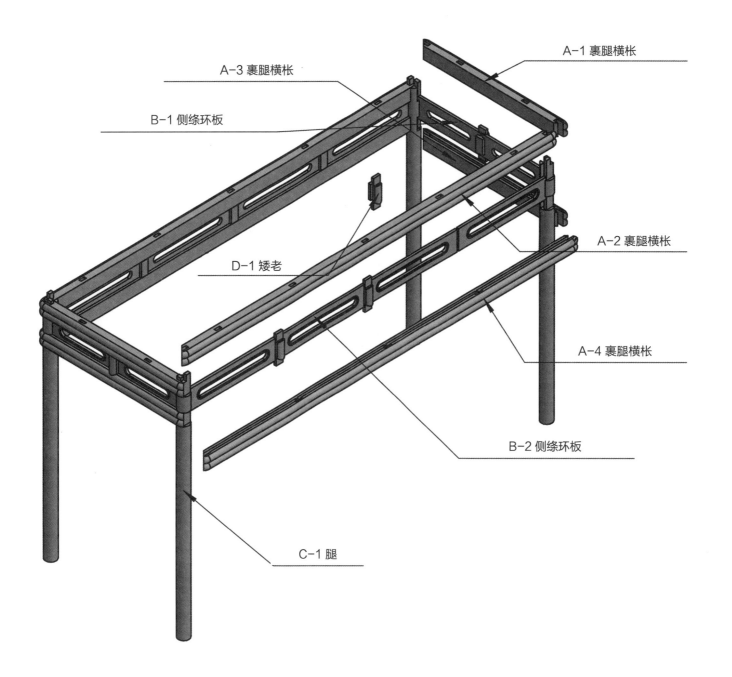

A-1 裹腿横枨

A-3 裹腿横枨

B-1 侧绦环板

A-2 裹腿横枨

D-1 矮老

A-4 裹腿横枨

B-2 侧绦环板

C-1 腿

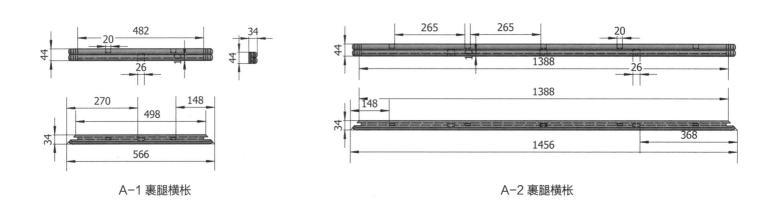

A-1 裹腿横枨

A-2 裹腿横枨

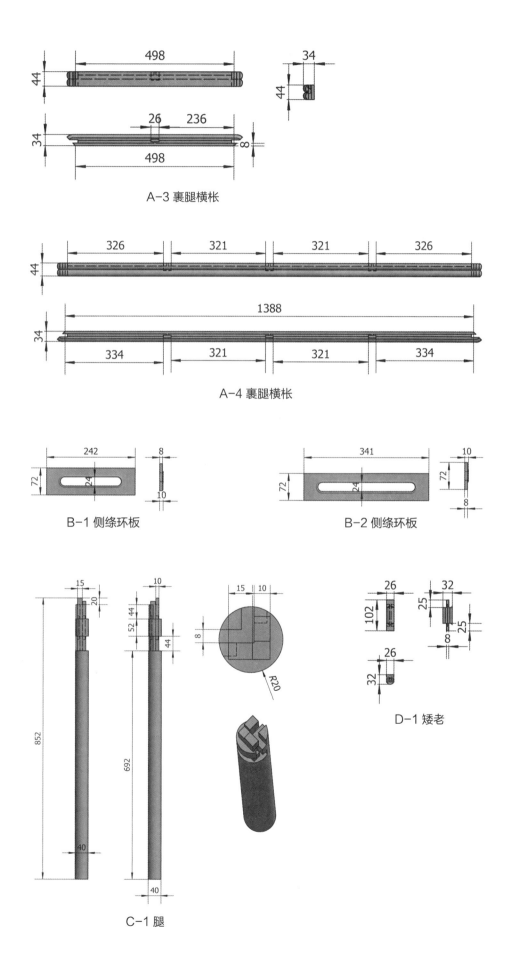

A-3 裹腿横枨

A-4 裹腿横枨

B-1 侧绦环板

B-2 侧绦环板

C-1 腿

D-1 矮老

# 明黄花梨有束腰三弯腿炕桌

规格：845mm×425mm×300mm

本品由 19 个部件组装而成。

观看视频请扫此图

手机 QQ 扫一扫
观看 3D 结构图

全景家具图
放 置 区

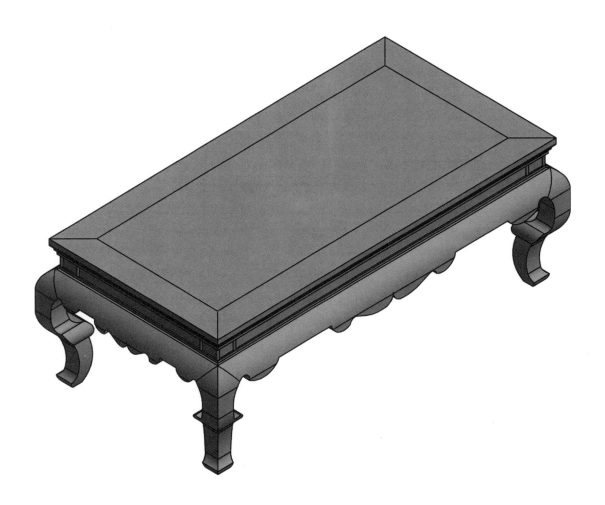

## 三视图尺寸图解

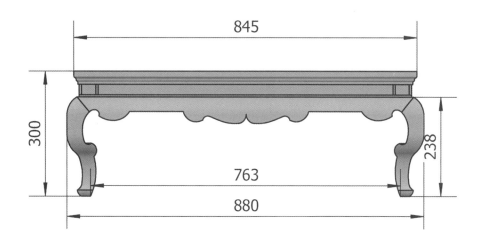

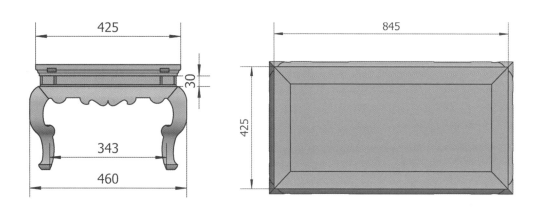

## 大边、抹头、穿带尺寸图解

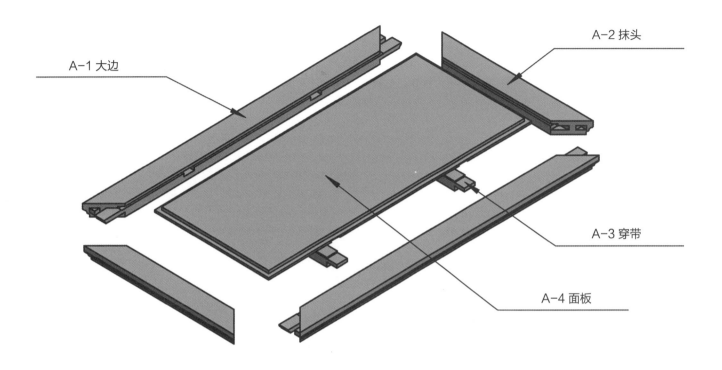

A-1 大边

A-2 抹头

A-3 穿带

A-4 面板

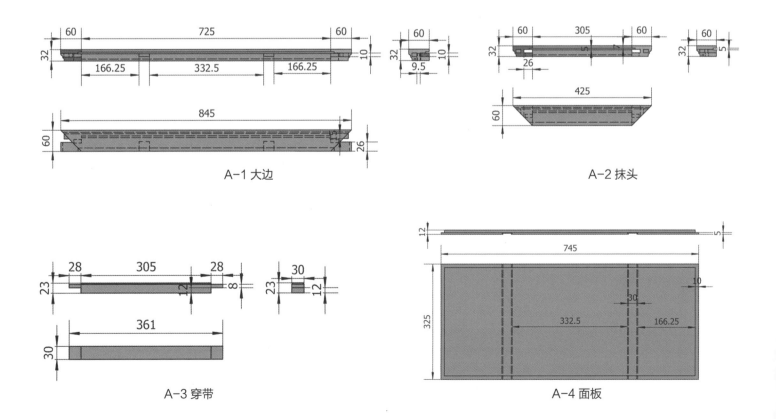

A-1 大边

A-2 抹头

A-3 穿带

A-4 面板

## 束腰、牙板、腿尺寸图解

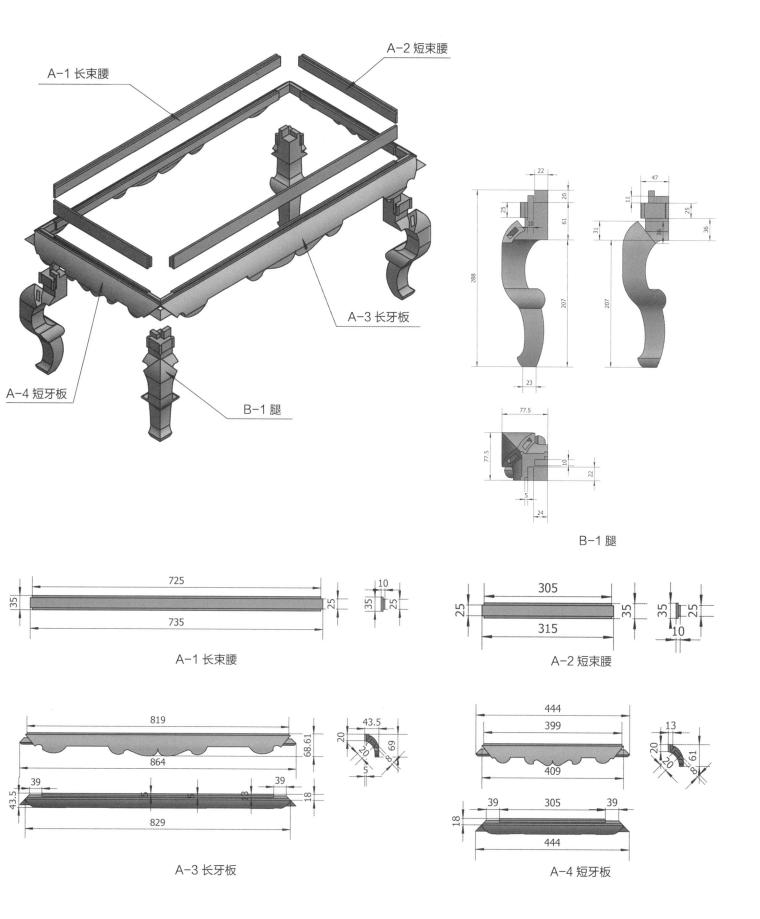

A-1 长束腰

A-2 短束腰

A-3 长牙板

A-4 短牙板

B-1 腿

B-1 腿

A-1 长束腰

A-2 短束腰

A-3 长牙板

A-4 短牙板

# 一腿三牙条桌

规格：1050mm×365mm×820mm

本品连销在内由 58 个部件组装而成，下有矮老及罗锅枨。

**观看视频请扫此图**

手机 QQ 扫一扫
观看 3D 结构图

**全景家具图**
**放 置 区**

# 三视图尺寸图解

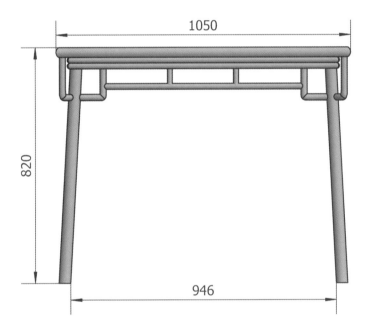

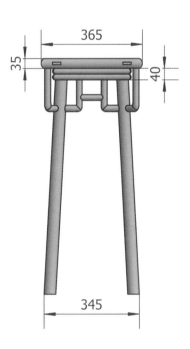

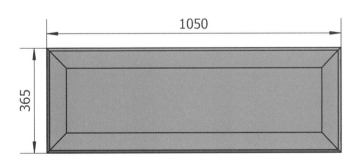

## 大边、抹头、穿带、面板尺寸图解

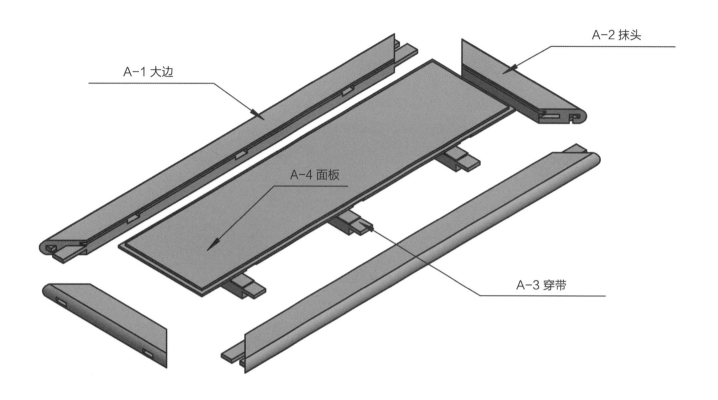

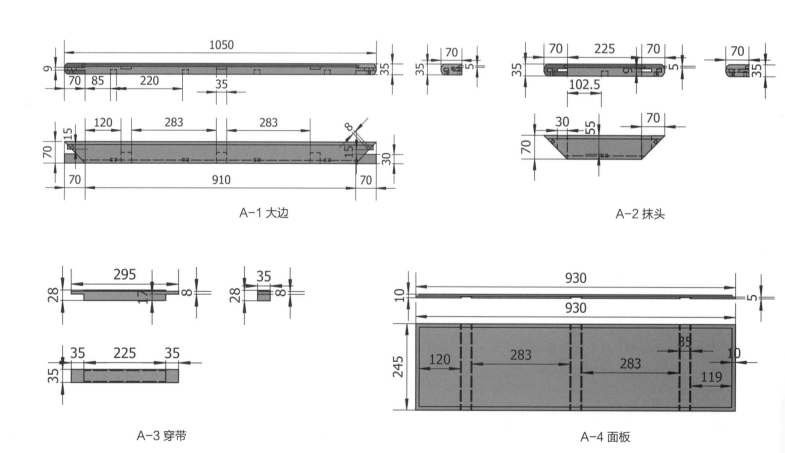

A-1 大边

A-2 抹头

A-3 穿带

A-4 面板

## 横枨、竖杆、横杆尺寸图解

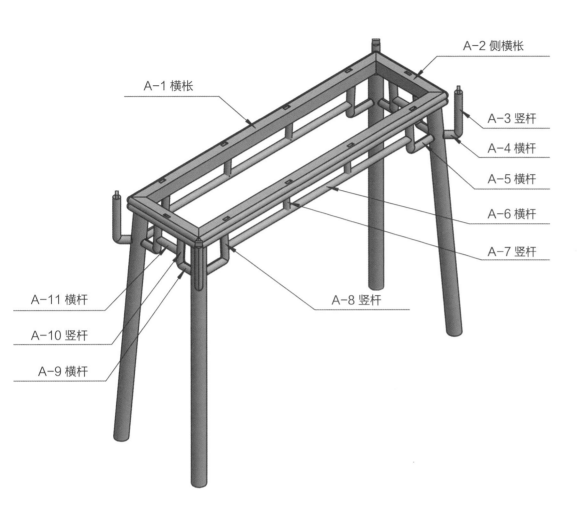

A-1 横枨
A-2 侧横枨
A-3 竖杆
A-4 横杆
A-5 横杆
A-6 横杆
A-7 竖杆
A-8 竖杆
A-11 横杆
A-10 竖杆
A-9 横杆

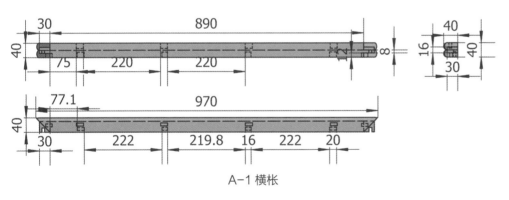

A-1 横枨

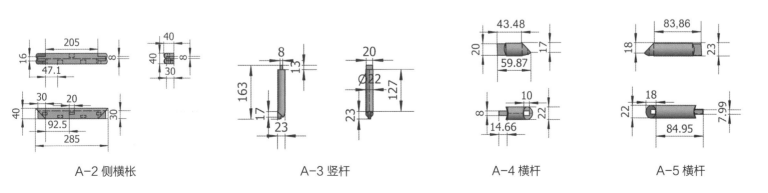

A-2 侧横枨

A-3 竖杆

A-4 横杆

A-5 横杆

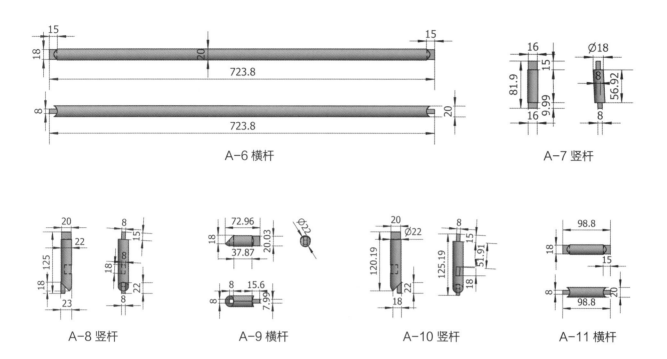

A-6 横杆

A-7 竖杆

A-8 竖杆

A-9 横杆

A-10 竖杆

A-11 横杆

## 腿尺寸图解

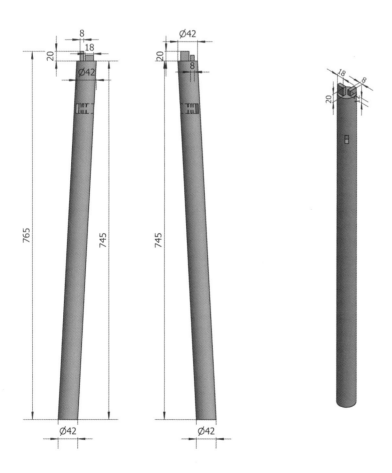

# 四腿圆凳

规格：410mm × 410mm × 495mm

本品的坐面为圆形，四个壶门开光，下有脚垫，共由 34 个
部件组装而成。

**观看视频请扫此图**

手机 QQ 扫一扫
观看 3D 结构图

全景家具图
放　置　区

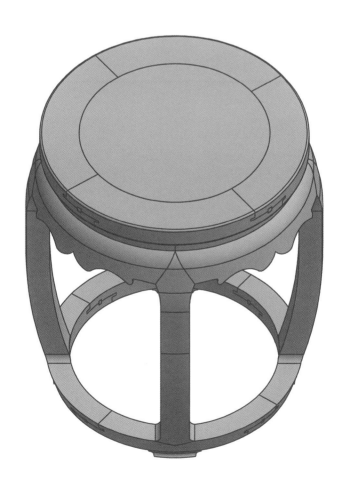

## 三视图尺寸图解

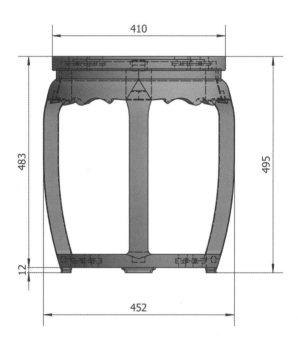

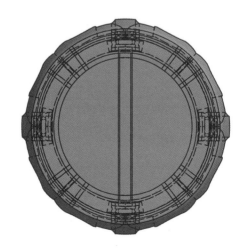

## 边框、坐板、穿带尺寸图解

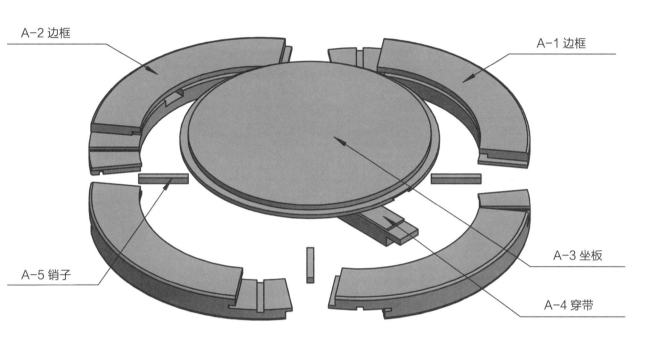

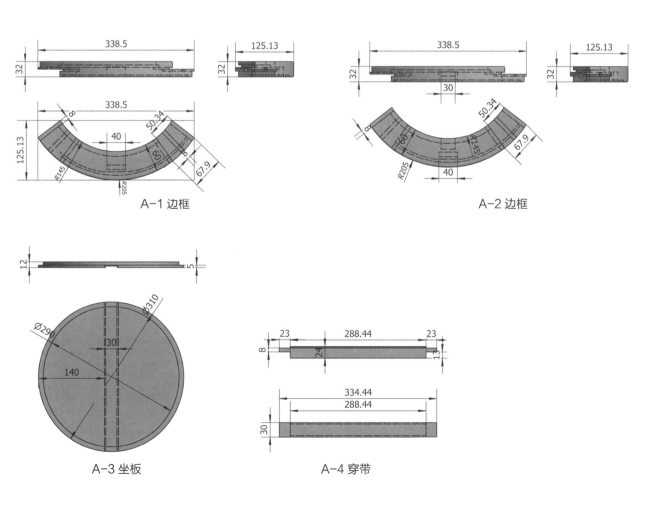

## 束腰、牙板、腿、托泥、脚垫尺寸图解

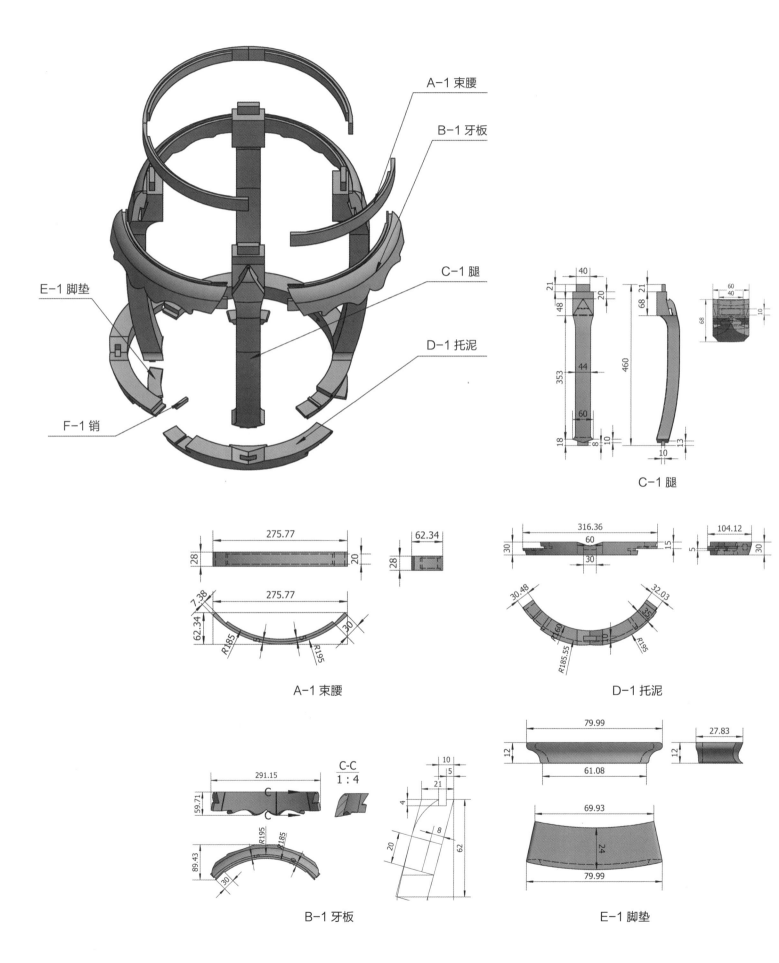

A-1 束腰

B-1 牙板

C-1 腿

D-1 托泥

E-1 脚垫

F-1 销

C-1 腿

A-1 束腰

D-1 托泥

B-1 牙板

E-1 脚垫

# 五腿圆凳

规格：425mm×425mm×440mm

本品整体为圆形，由边框、坐面、束腰、牙板、腿、托泥
等 47 个部件组装而成。

**观看视频请扫此图**

手机 QQ 扫一扫
观看 3D 结构图

全景家具图
放 置 区

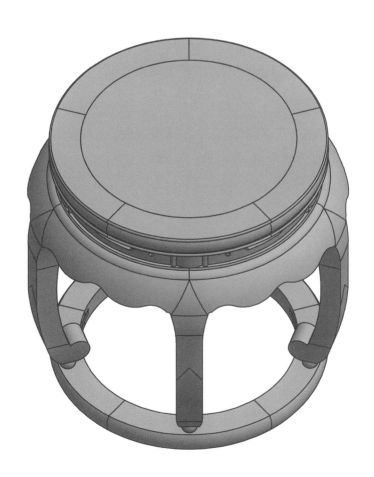

## 三视图尺寸图解

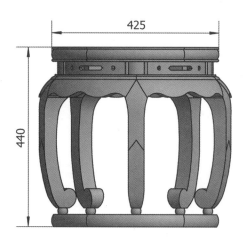

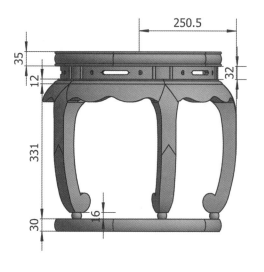

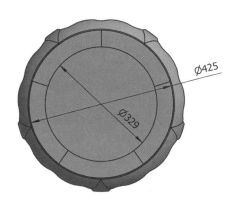

## 边框、坐板、穿带尺寸图解

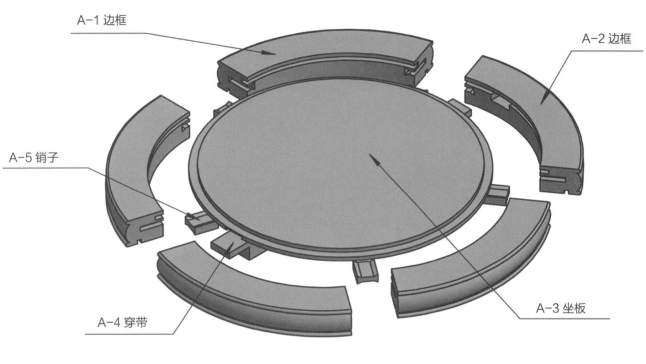

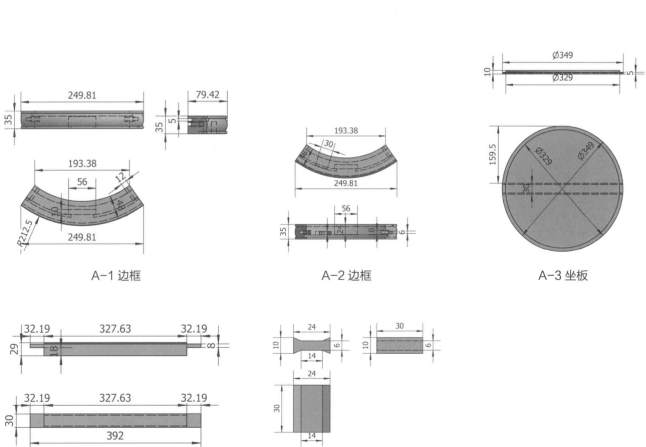

A-1 边框

A-2 边框

A-3 坐板

A-4 穿带

A-5 销子

## 束腰、牙板、腿、托泥等尺寸图解

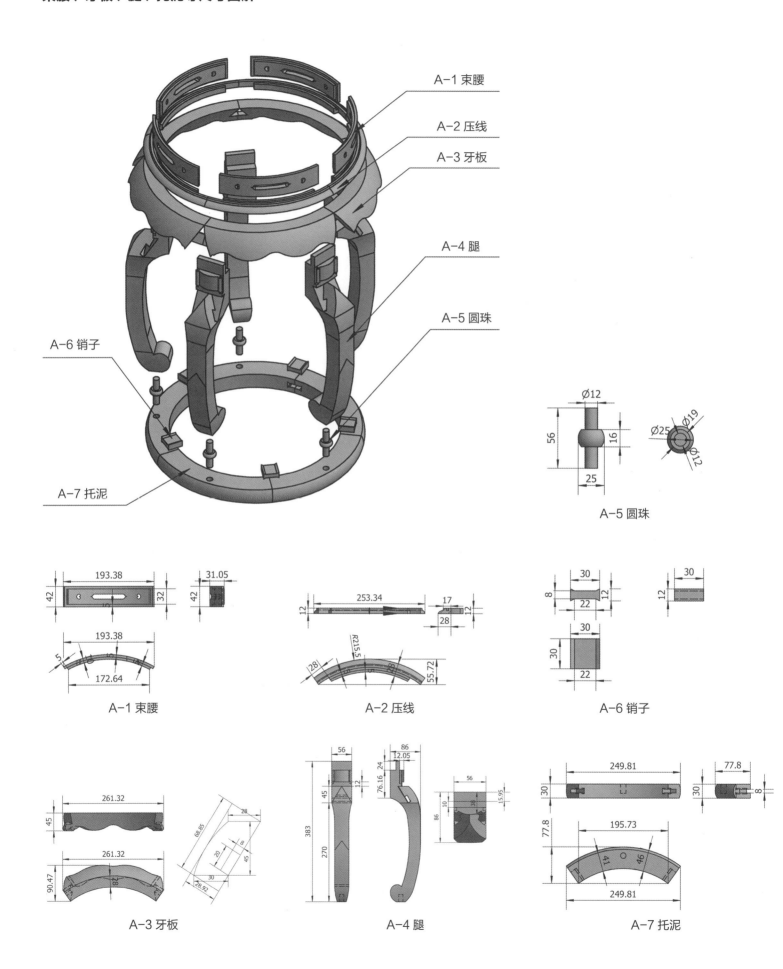

A-1 束腰

A-2 压线

A-3 牙板

A-4 腿

A-5 圆珠

A-6 销子

A-7 托泥

# 鼓腿彭牙方凳

规格：570mm×570mm×520mm

本品由边框、坐面、束腰、牙板、腿、托泥等47个部件组装而成，坐面为正方形。

**观看视频请扫此图**

手机QQ扫一扫
观看3D结构图

全景家具图
放　置　区

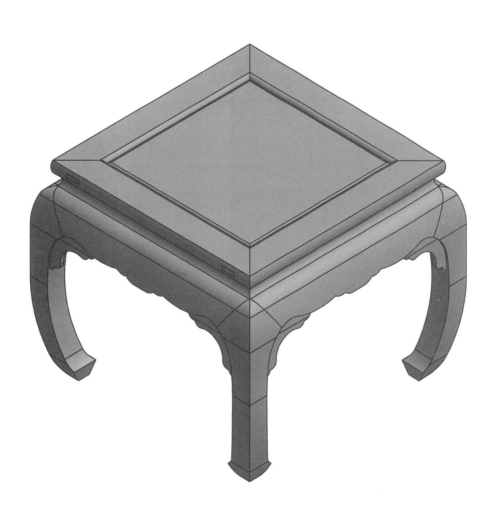

## 三视图尺寸图解

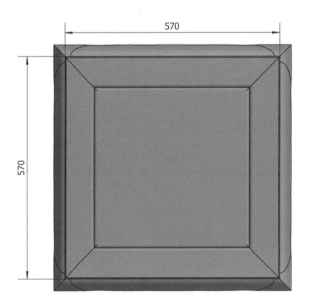

## 大边、抹头、坐板、穿带尺寸图解

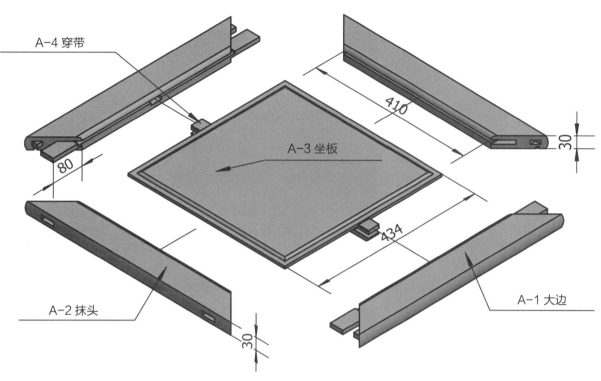

A-4 穿带

A-3 坐板

A-2 抹头

A-1 大边

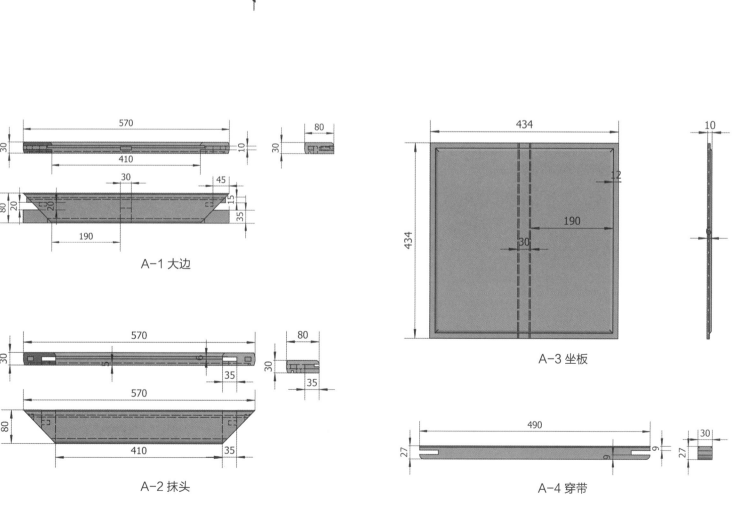

A-1 大边

A-2 抹头

A-3 坐板

A-4 穿带

## 束腰、牙板、腿、角牙尺寸图解

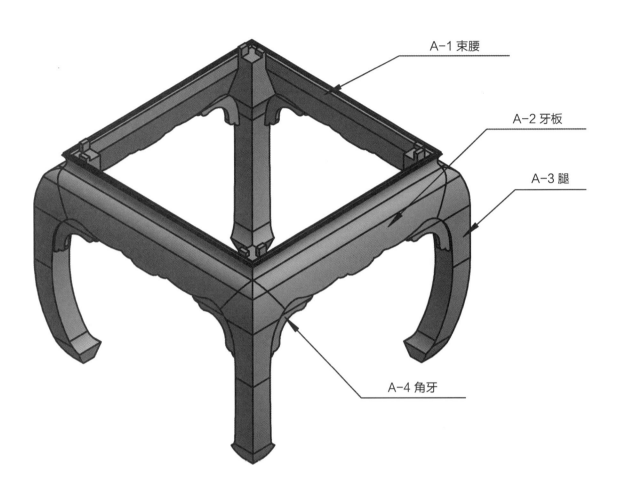

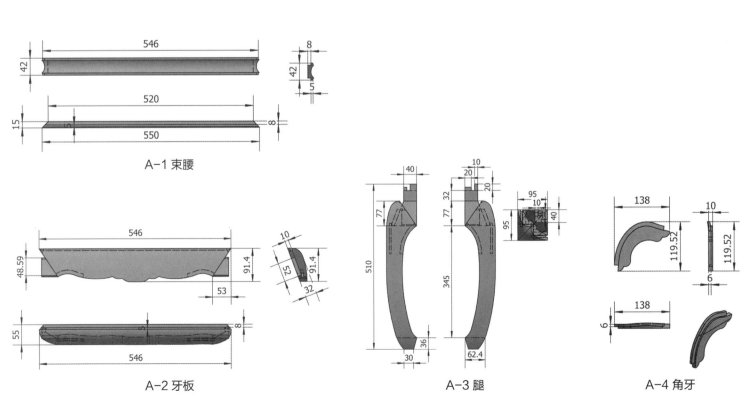

A-1 束腰

A-2 牙板

A-3 腿

A-4 角牙

# 拐子纹高花几

规格：360mm×360mm×1200mm

本品由面板、边框、束腰、牙板、拐子纹牙条、棂格、横枨等 52 个部件
组装而成。

**观看视频请扫此图**

手机 QQ 扫一扫
观看 3D 结构图

全景家具图
放 置 区

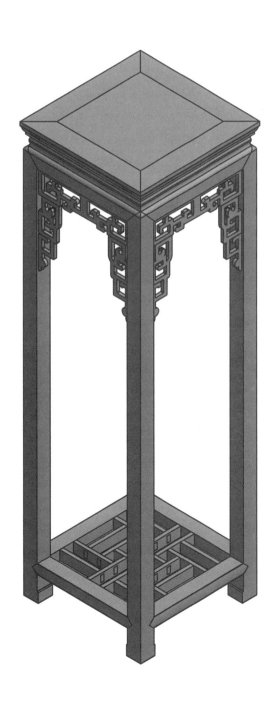

**三视图尺寸图解**

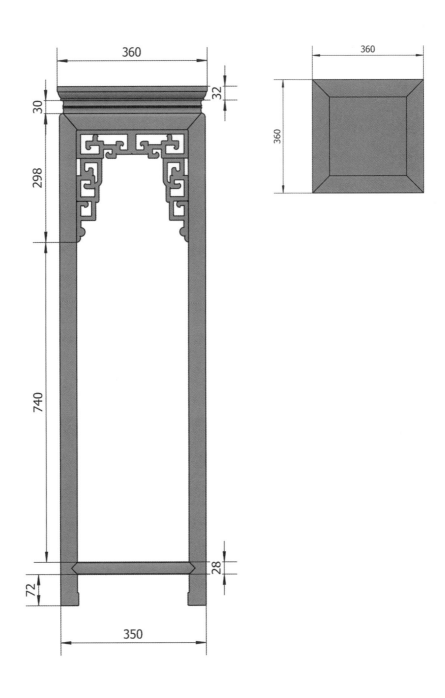

## 边框、穿带、面板尺寸图解

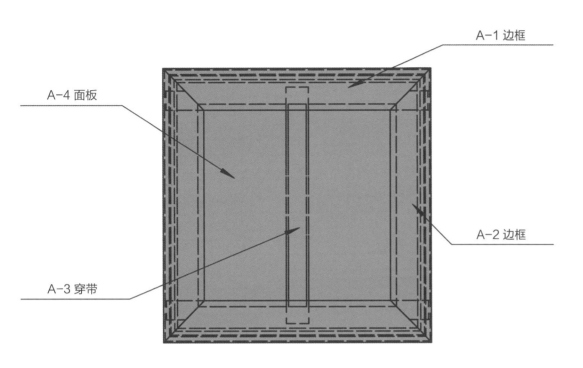

A-4 面板

A-1 边框

A-2 边框

A-3 穿带

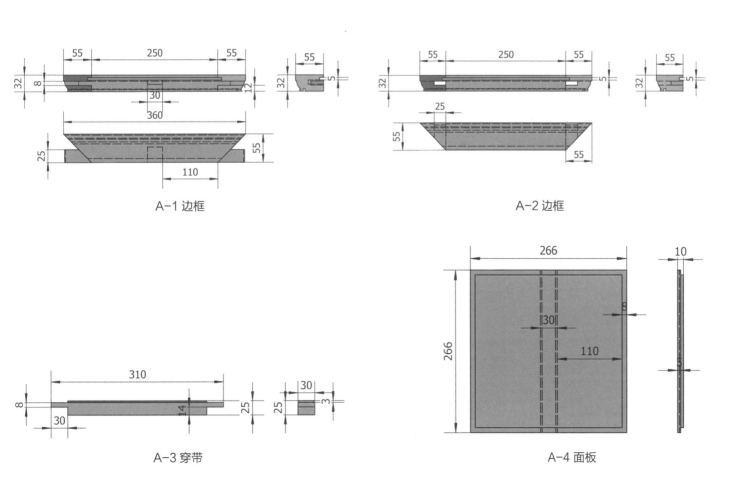

A-1 边框

A-2 边框

A-3 穿带

A-4 面板

## 束腰、牙板、牙条、腿、横枨尺寸图解

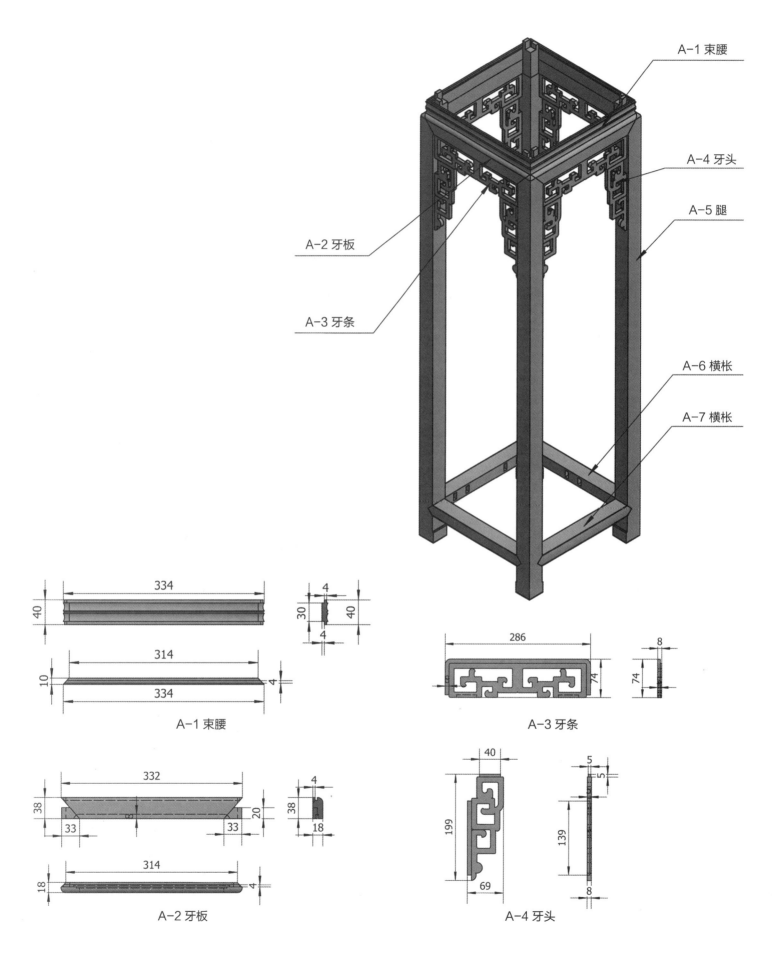

A-1 束腰

A-4 牙头

A-5 腿

A-2 牙板

A-3 牙条

A-6 横枨

A-7 横枨

A-1 束腰

A-3 牙条

A-2 牙板

A-4 牙头

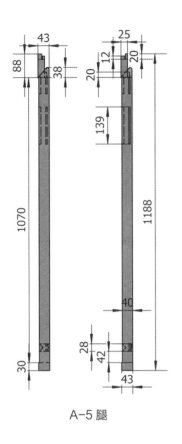

A-5 腿

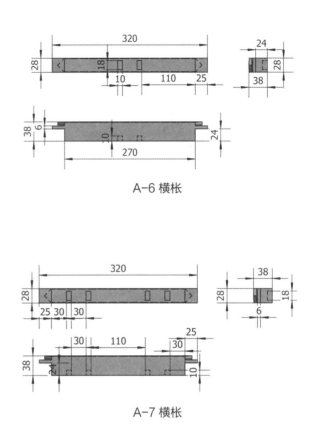

A-6 横枨

A-7 横枨

## 棂格尺寸图解

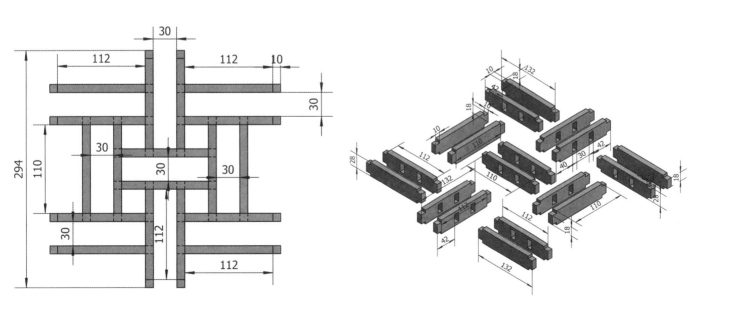

# 高花几

规格：320mm × 320mm × 900mm

本品由束腰、压线、牙板、牙条、托泥等 45 个部件组装而成。

**观看视频请扫此图**

手机 QQ 扫一扫
观看 3D 结构图

全景家具图
放 置 区

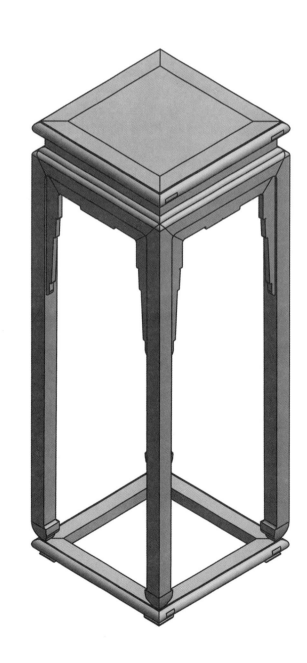

**三视图尺寸图解**

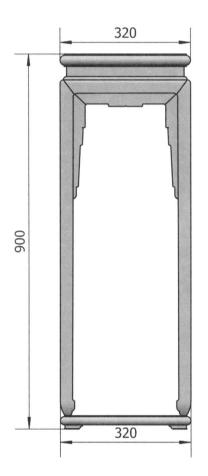

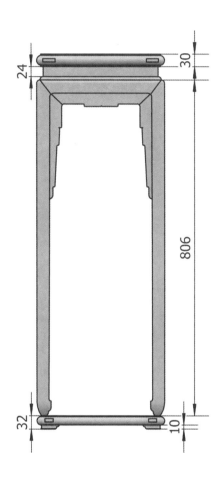

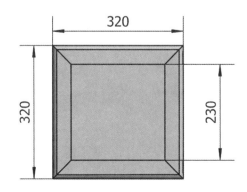

## 边框、面板尺寸图解

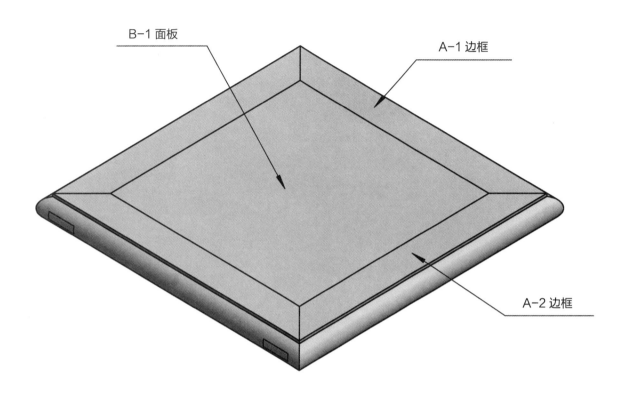

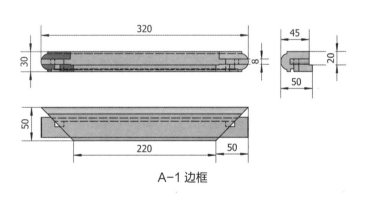

A-1 边框

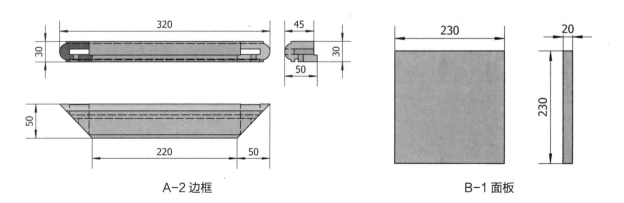

A-2 边框　　　　　　　　　　B-1 面板

**束腰、压线、牙板、腿尺寸图解**

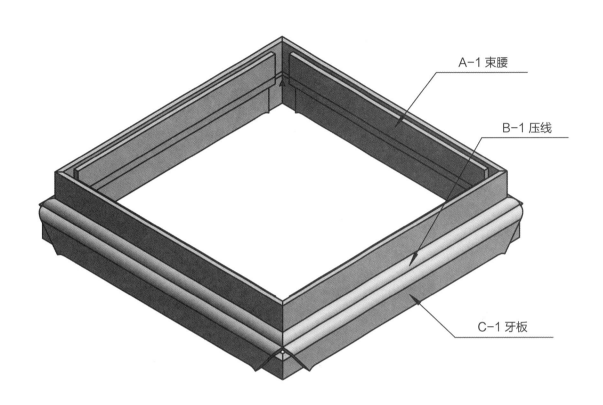

A-1 束腰

B-1 压线

C-1 牙板

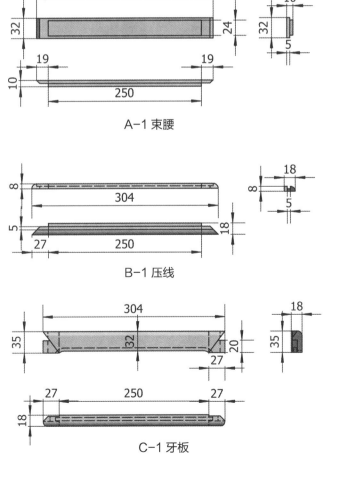

A-1 束腰

B-1 压线

C-1 牙板

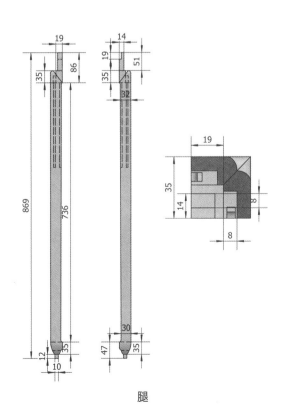

腿

## 托泥尺寸图解

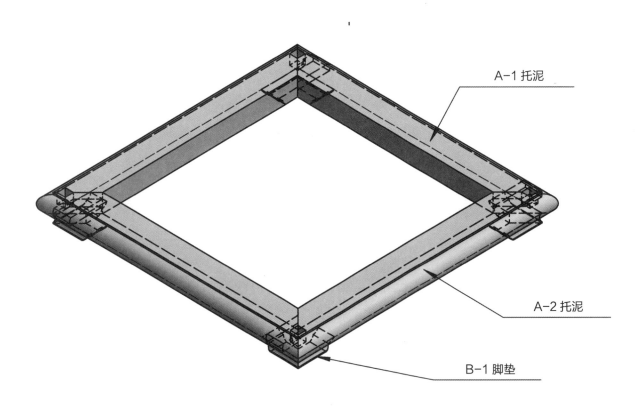

A-1 托泥

A-2 托泥

B-1 脚垫

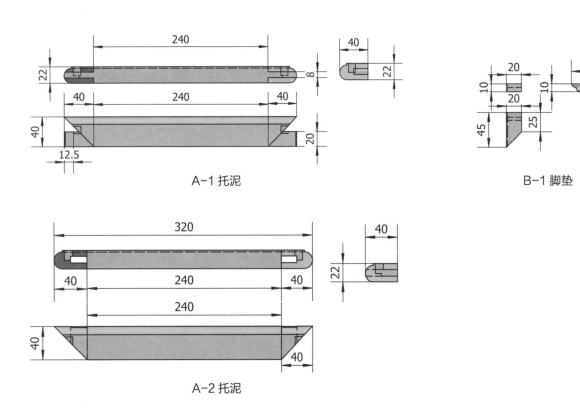

A-1 托泥

B-1 脚垫

A-2 托泥

## 牙条尺寸图解

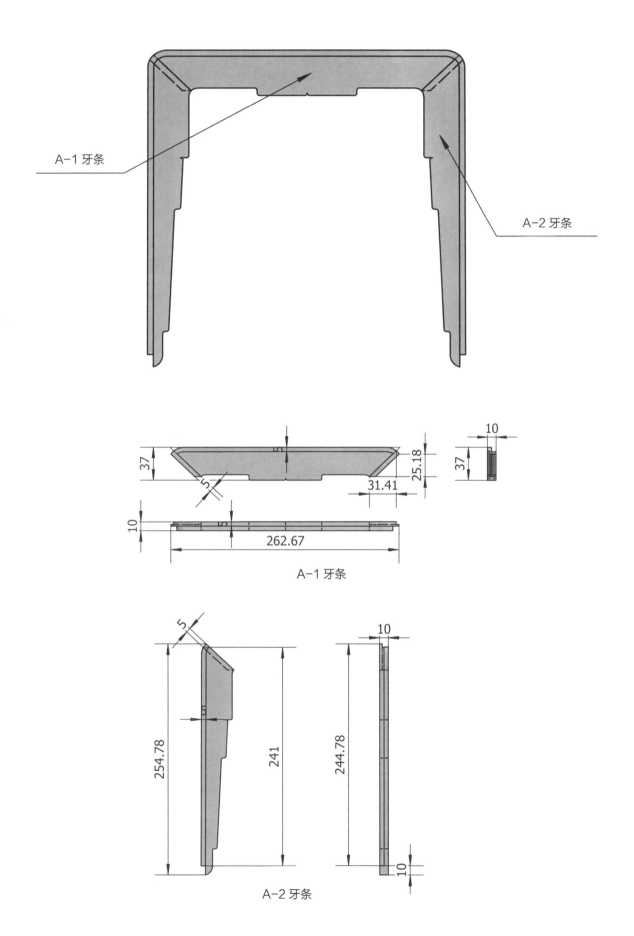

A-1 牙条

A-2 牙条

# 福寿花篮几

规格：450mm×510mm×760mm

本品由大边、抹头、下由束腰、角牙等 35 个部件组装而成。

观看视频请扫此图

手机 QQ 扫一扫
观看 3D 结构图

全景家具图
放　置　区

## 三视图尺寸图解

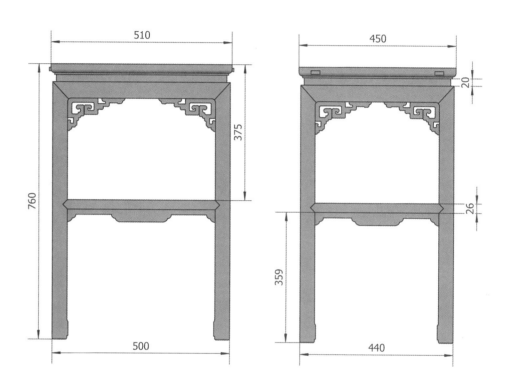

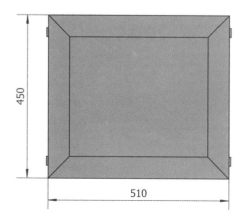

## 大边、抹头、面板、穿带尺寸图解

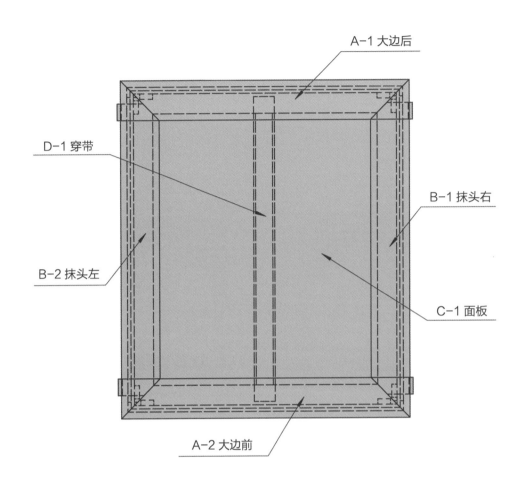

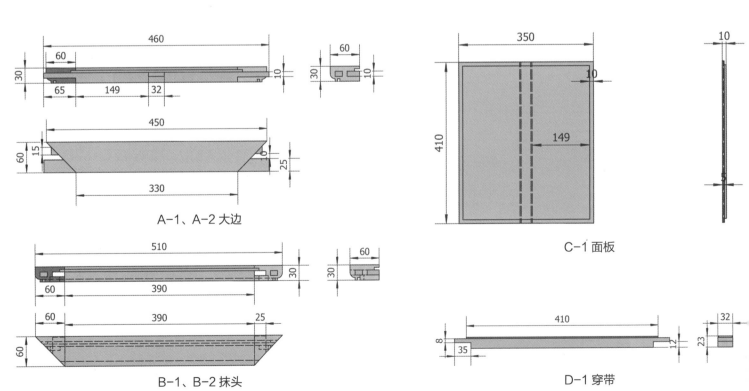

A-1、A-2 大边

B-1、B-2 抹头

C-1 面板

D-1 穿带

## 束腰、牙板尺寸图解

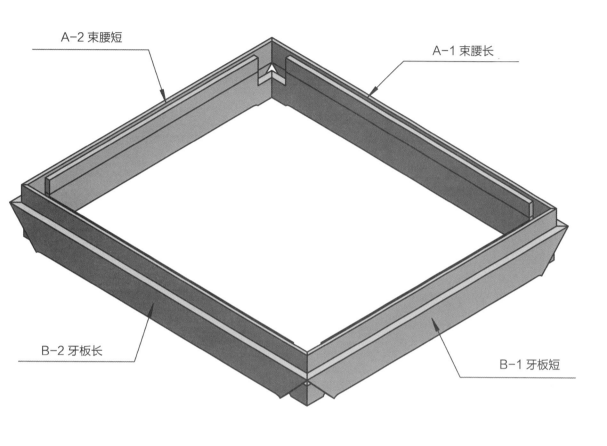

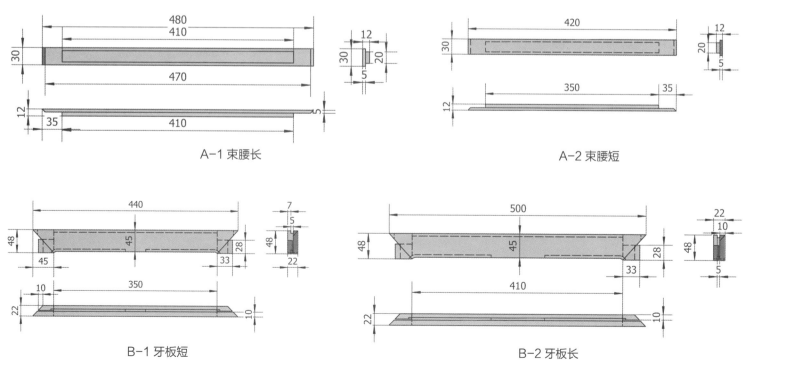

A-2 束腰短

A-1 束腰长

B-2 牙板长

B-1 牙板短

A-1 束腰长

A-2 束腰短

B-1 牙板短

B-2 牙板长

## 腿尺寸图解

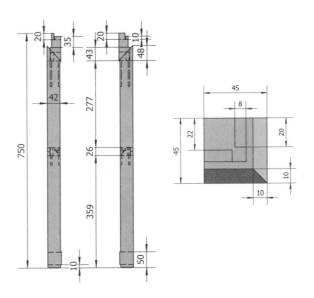

## 层板、横枨尺寸图解

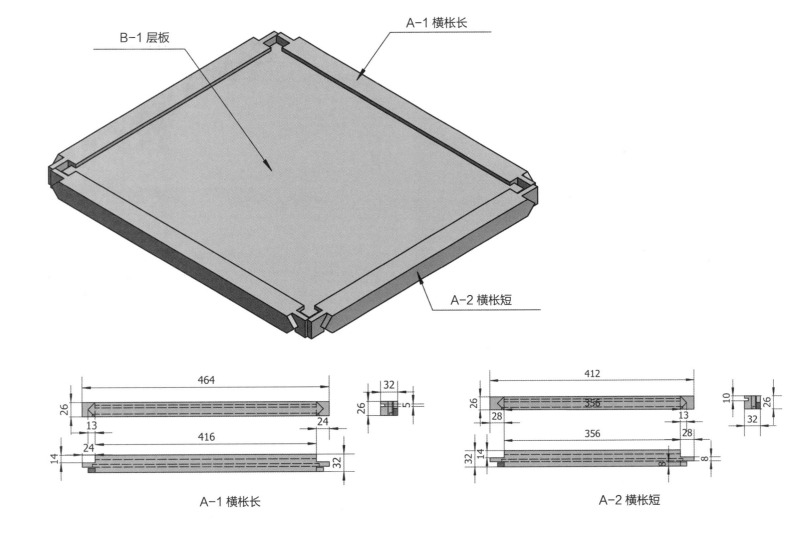

A-1 横枨长

A-2 横枨短

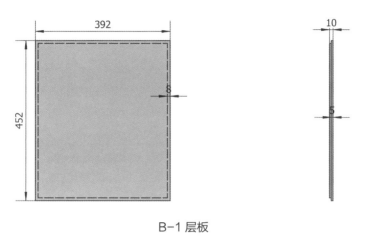

B-1 层板

## 牙条、角牙尺寸图解

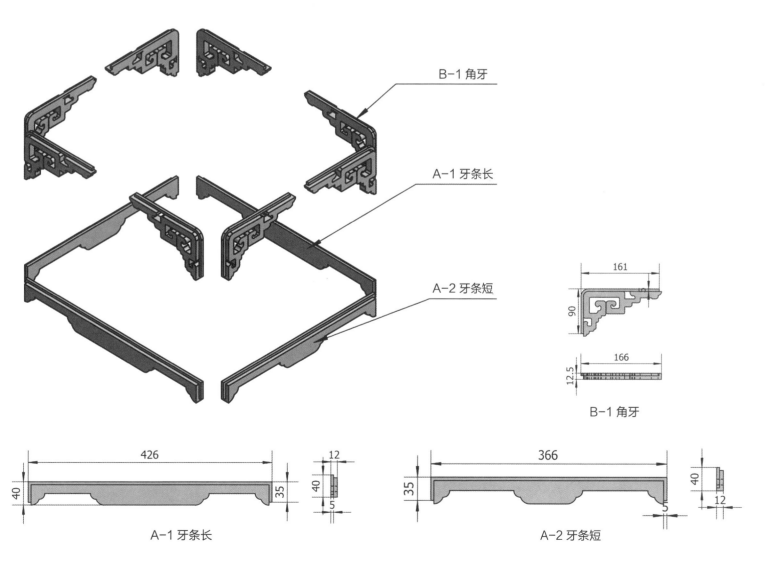

B-1 角牙

A-1 牙条长

A-2 牙条短

B-1 角牙

A-1 牙条长

A-2 牙条短

# 长方几

规格：530mm×315mm×415mm

本品由 28 个部件组装而成。

观看视频请扫此图

手机 QQ 扫一扫
观看 3D 结构图

全景家具图
放置区

## 三视图尺寸图解

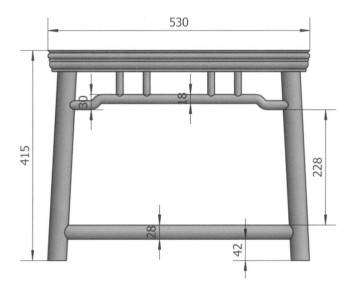

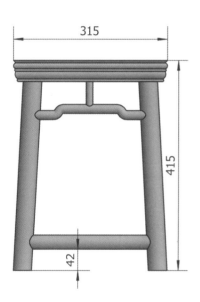

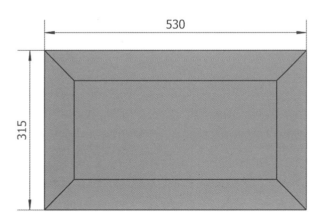

## 大边、抹头、穿带、面板尺寸图解

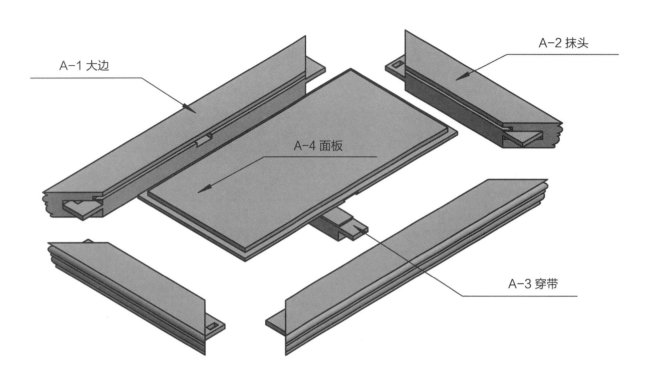

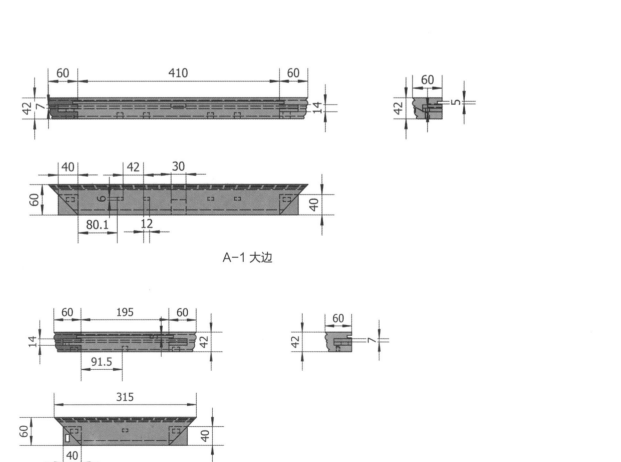

A-1 大边

A-2 抹头

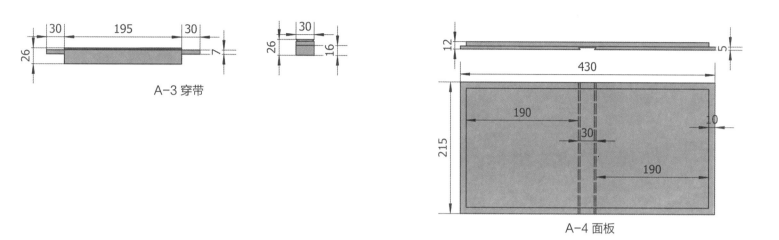

A-3 穿带

A-4 面板

## 腿、矮老、罗锅枨、脚枨尺寸图解

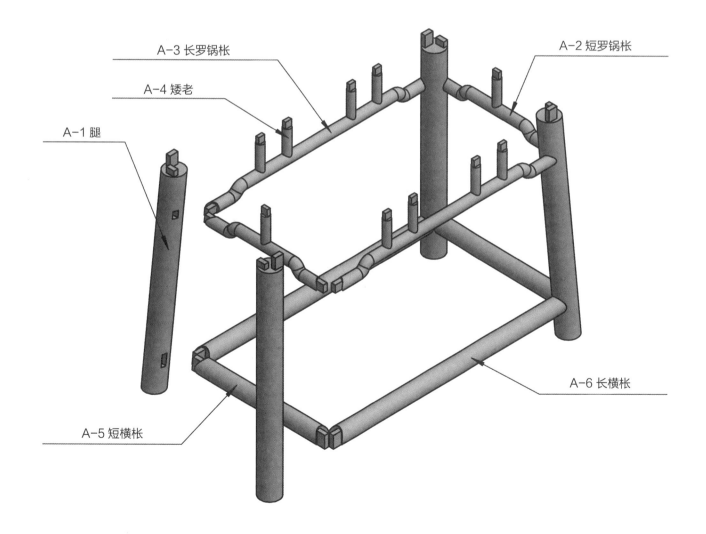

A-3 长罗锅枨

A-2 短罗锅枨

A-4 矮老

A-1 腿

A-6 长横枨

A-5 短横枨

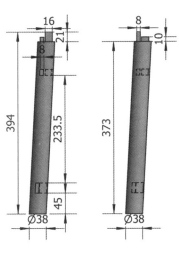

A-1 腿

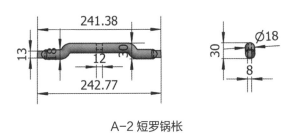

A-2 短罗锅枨

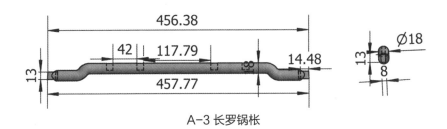

A-3 长罗锅枨

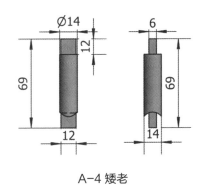

A-4 矮老

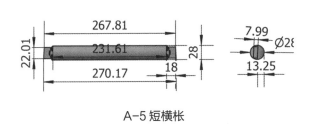

A-5 短横枨

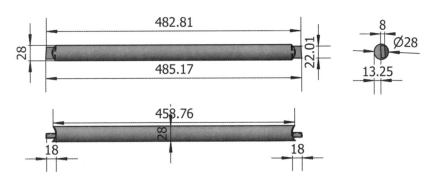

A-6 长横枨

# 卷书案

规格：1450mm×410mm×1030mm

本品由大边、卷书翘头、牙板、腿、横枨等36个部件组装而成。

**观看视频请扫此图**

手机 QQ 扫一扫
观看 3D 结构图

全景家具图
放 置 区

**三视图尺寸图解**

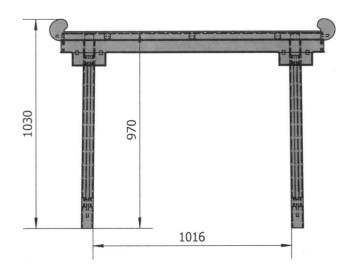

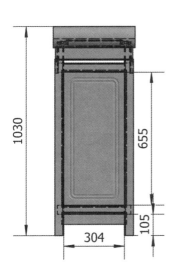

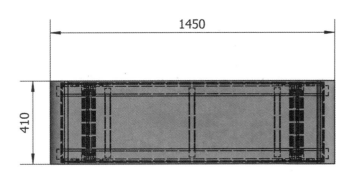

# 大边、翘头、穿带、面板尺寸图解

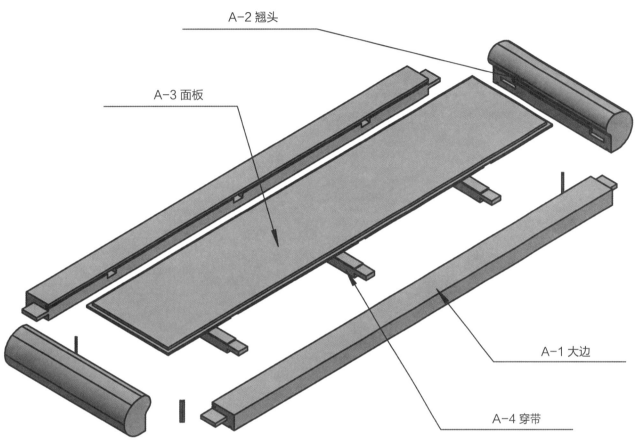

A-2 翘头
A-3 面板
A-1 大边
A-4 穿带

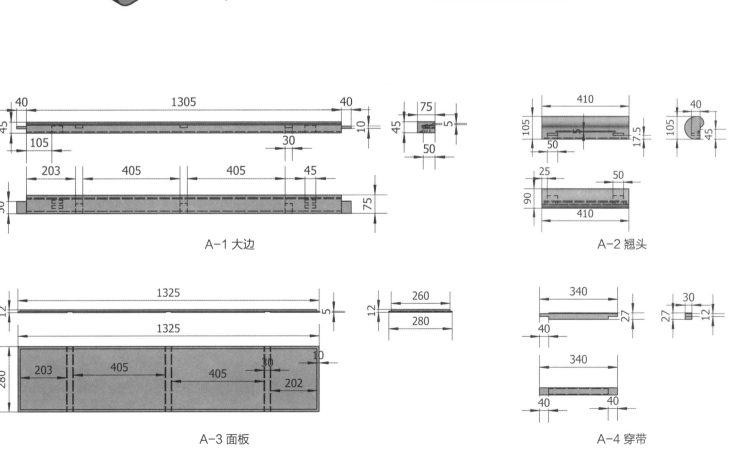

A-1 大边

A-2 翘头

A-3 面板

A-4 穿带

## 牙条、牙头、腿、档板、横枨尺寸图解

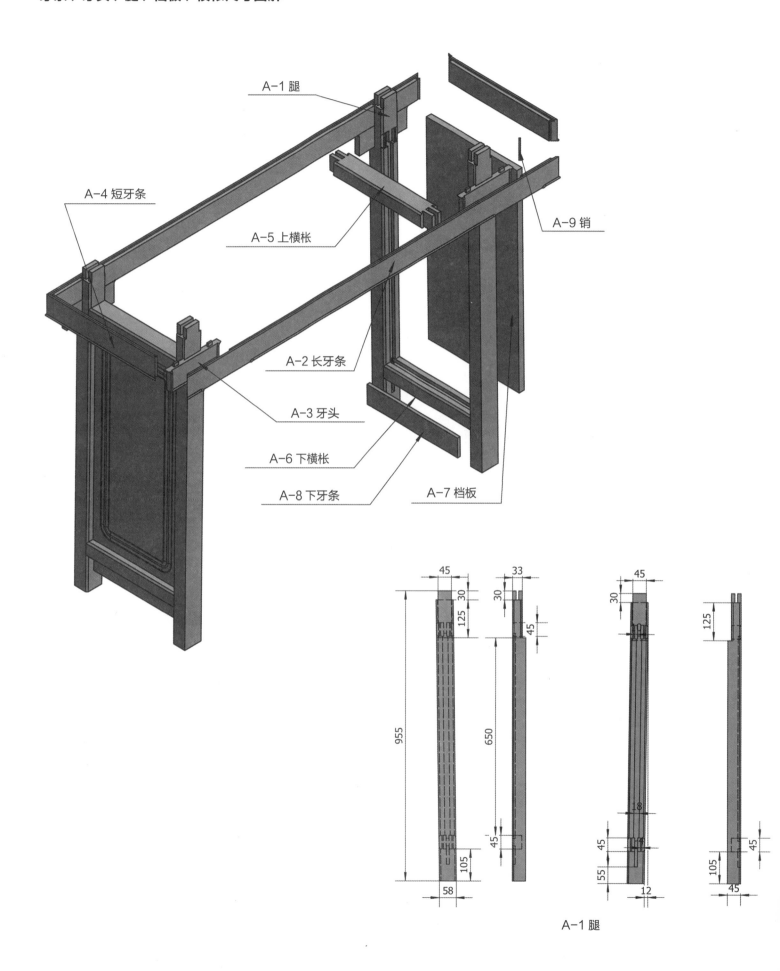

A-1 腿
A-4 短牙条
A-5 上横枨
A-2 长牙条
A-3 牙头
A-6 下横枨
A-8 下牙条
A-7 档板
A-9 销

A-1 腿

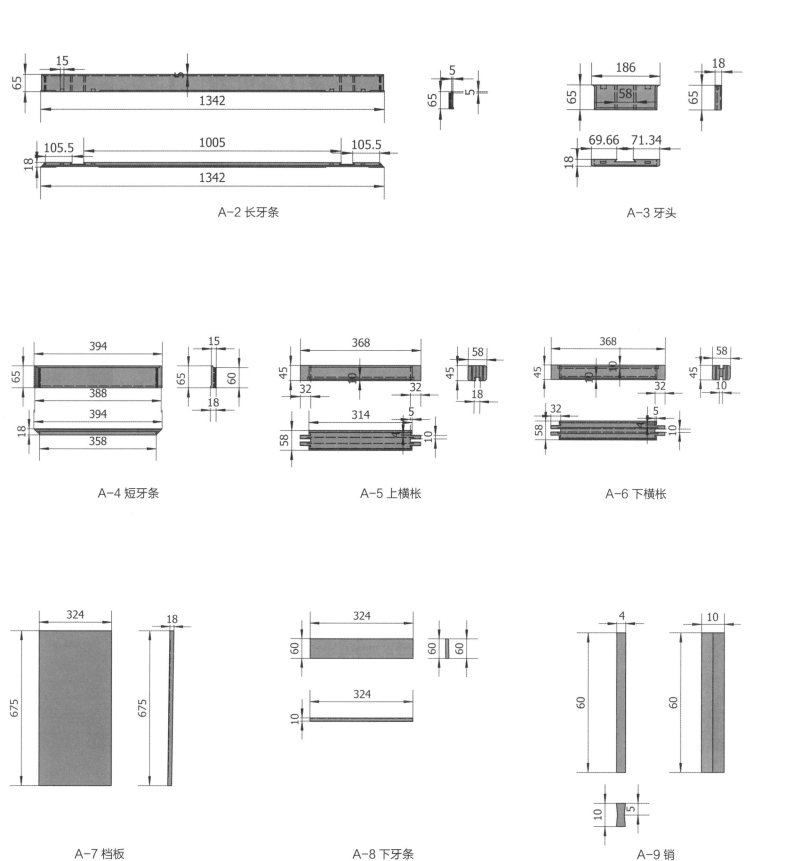

A-2 长牙条

A-3 牙头

A-4 短牙条

A-5 上横枨

A-6 下横枨

A-7 档板

A-8 下牙条

A-9 销

# 托泥翘头案

规格：4060mm × 675mm × 885mm

本品不包含销在内共有 33 个部件。

**观看视频请扫此图**

手机 QQ 扫一扫
观看 3D 结构图

全景家具图
放 置 区

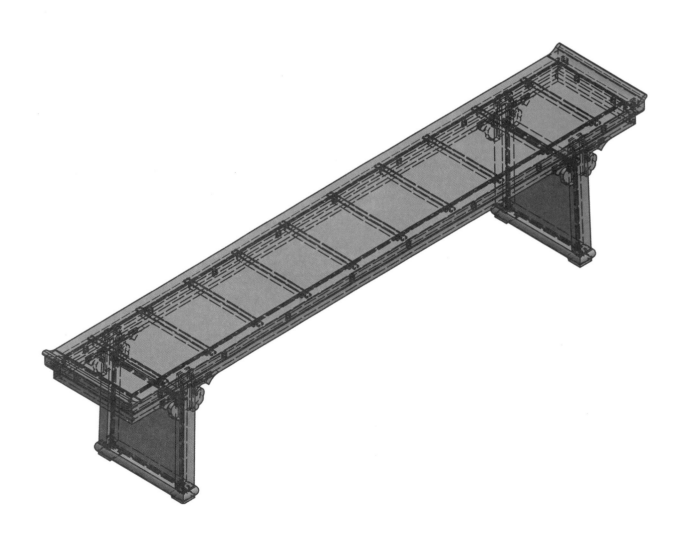

## 三视图尺寸图解

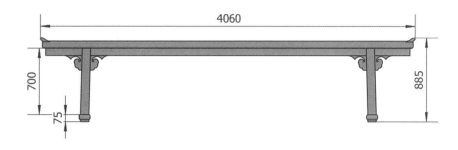

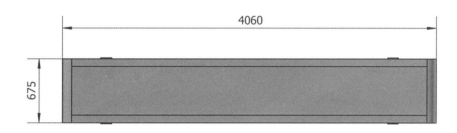

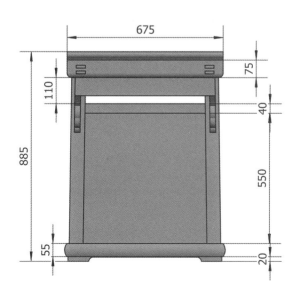

## 大边、穿带、面板、翘头尺寸图解

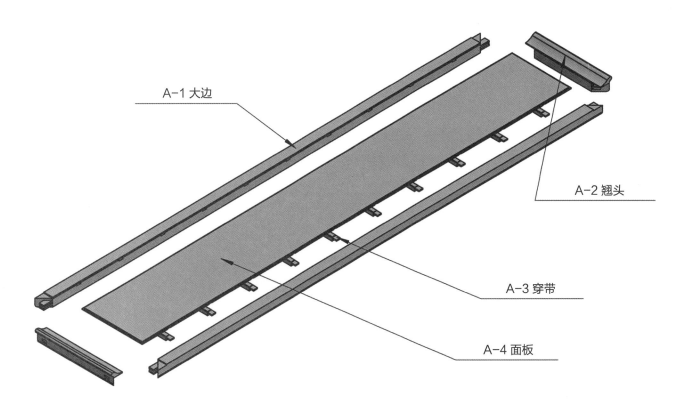

A-1 大边
A-2 翘头
A-3 穿带
A-4 面板

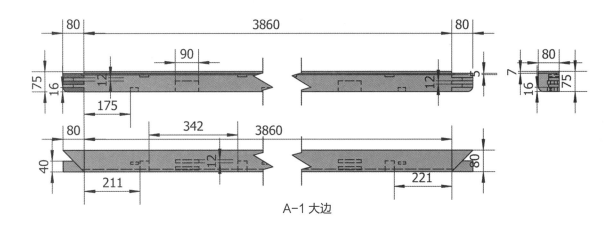

A-1 大边

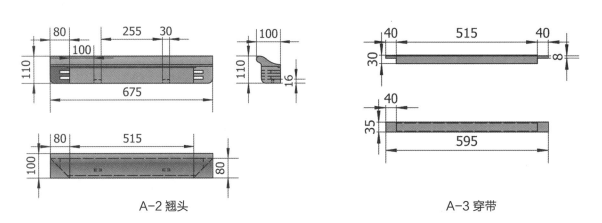

A-2 翘头

A-3 穿带

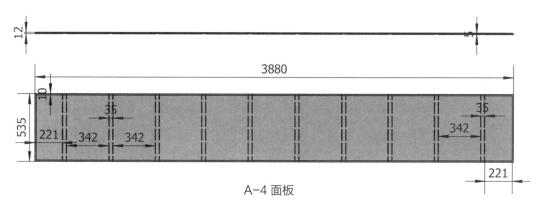

A-4 面板

## 牙头、牙条尺寸图解

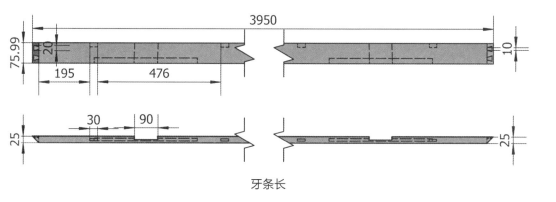

牙条长

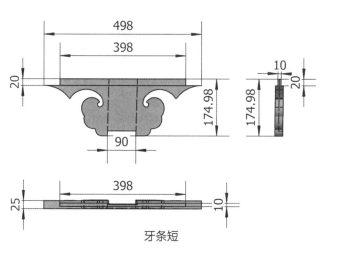

牙条短

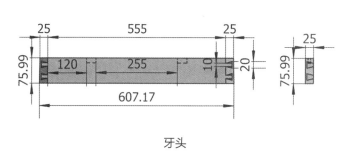

牙头

**腿、横枨、档板、托泥尺寸图解**

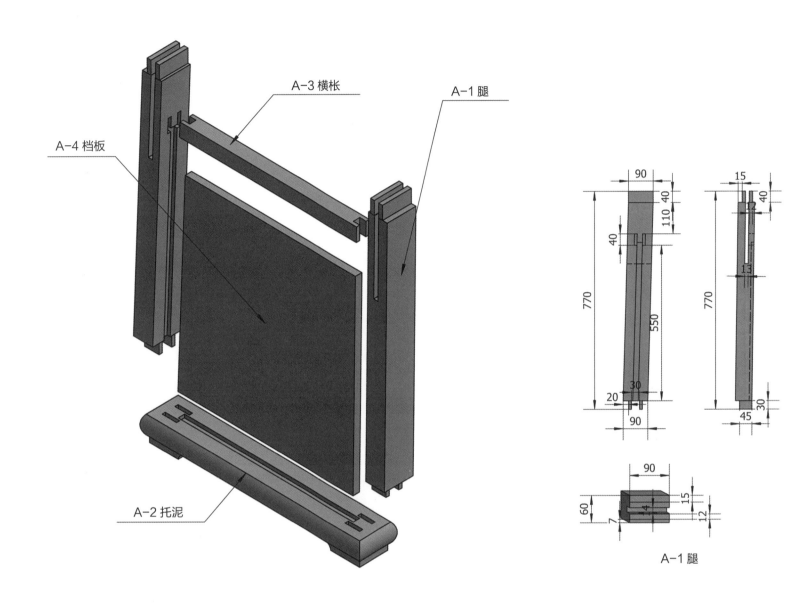

A-3 横枨

A-1 腿

A-4 档板

A-2 托泥

A-1 腿

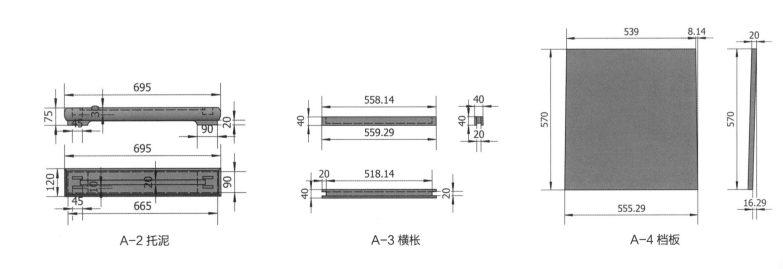

A-2 托泥

A-3 横枨

A-4 档板

# 回纹平头案

规格：1925mm×420mm×885mm

本品由大边、抹头、腿、牙板等包含销在内共 61 个部件组装而成。

观看视频请扫此图

手机 QQ 扫一扫
观看 3D 结构图

全景家具图
放置区

## 三视图尺寸图解

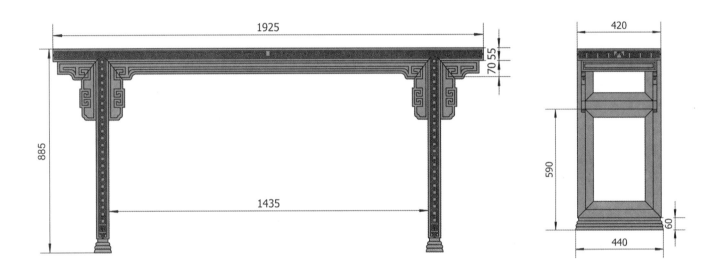

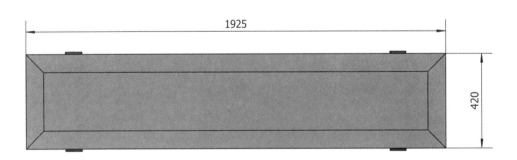

## 大边、抹头、穿带、面板尺寸图解

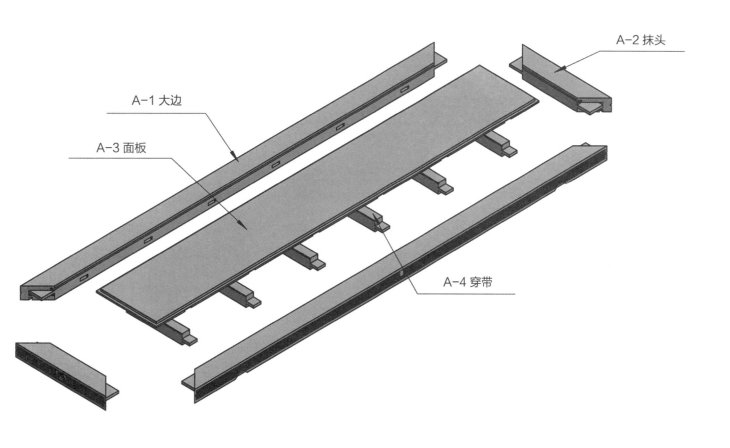

A-2 抹头

A-1 大边

A-3 面板

A-4 穿带

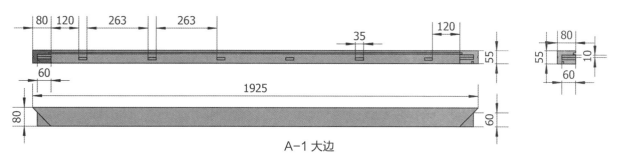

A-1 大边

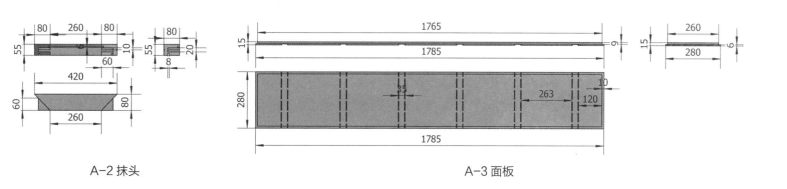

A-2 抹头

A-3 面板

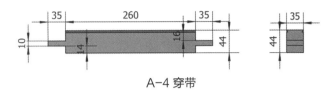

A-4 穿带

## 托泥、牙条、牙头、腿尺寸图解

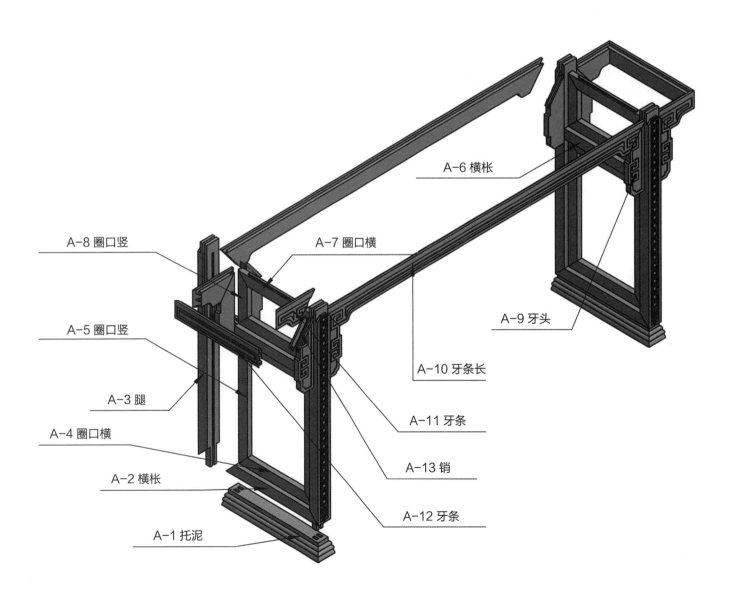

A-6 横枨

A-8 圈口竖

A-7 圈口横

A-5 圈口竖

A-9 牙头

A-3 腿

A-10 牙条长

A-11 牙条

A-4 圈口横

A-13 销

A-2 横枨

A-12 牙条

A-1 托泥

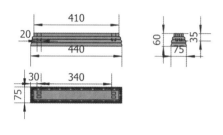

A-1 托泥

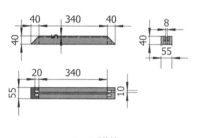

A-2 横枨

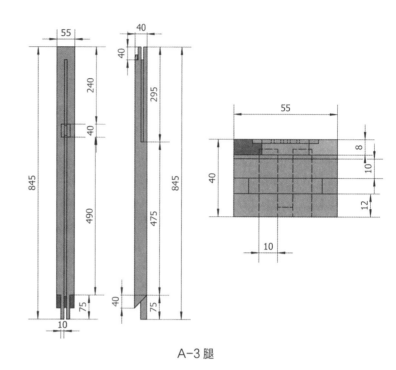

A-3 腿

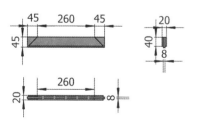

A-4 圈口横

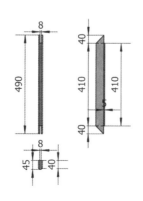

A-5 圈口竖

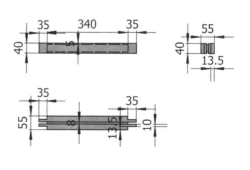

A-6 横枨

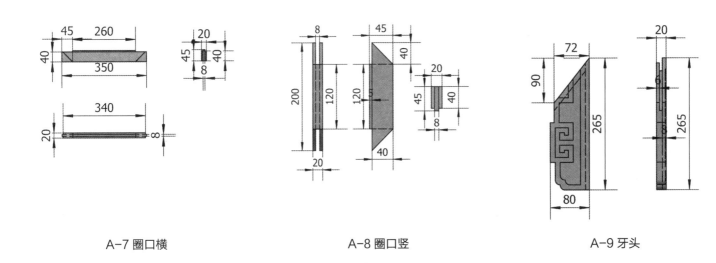

A-7 圈口横　　　　　　　A-8 圈口竖　　　　　　　A-9 牙头

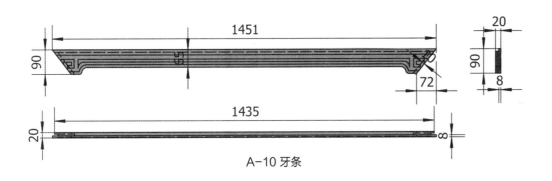

A-10 牙条

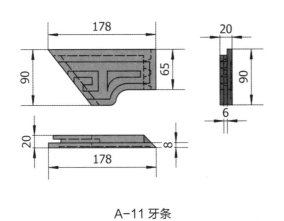

A-11 牙条

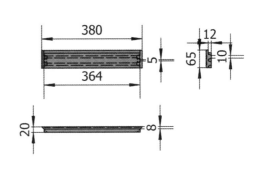

A-12 牙条

# 翘头案

规格：3376mm×620mm×984mm

此品由 46 个部件组装而成，腿、牙条、案面相结合形成夹头榫结构，
两腿间设有券口。

**观看视频请扫此图**

手机 QQ 扫一扫
观看 3D 结构图

全景家具图
放 置 区

## 三视图尺寸图解

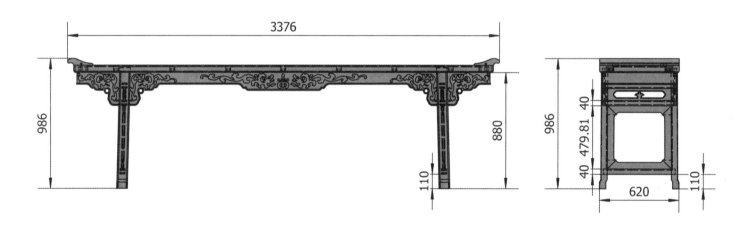

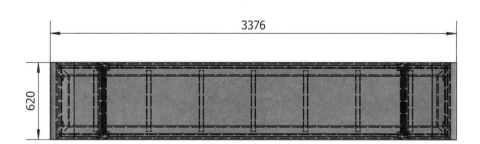

## 大边、面板、穿带、翘头尺寸图解

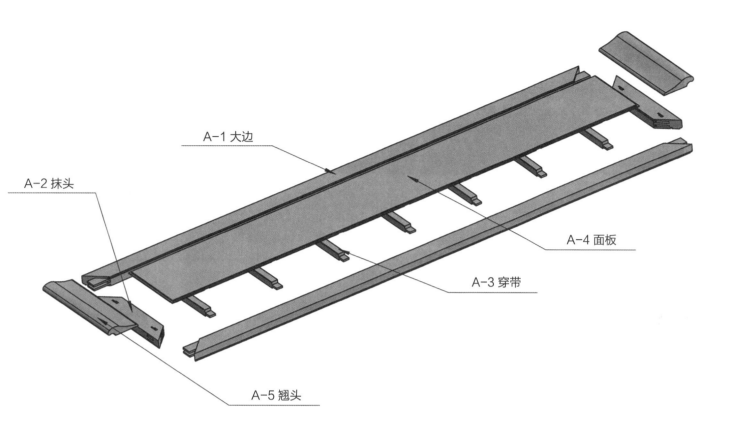

A-1 大边

A-2 抹头

A-4 面板

A-3 穿带

A-5 翘头

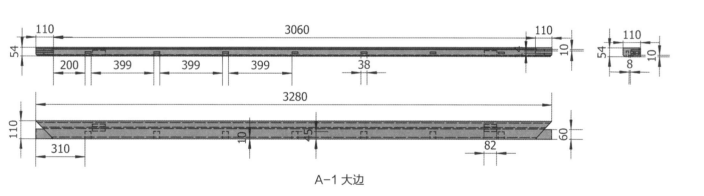

A-1 大边

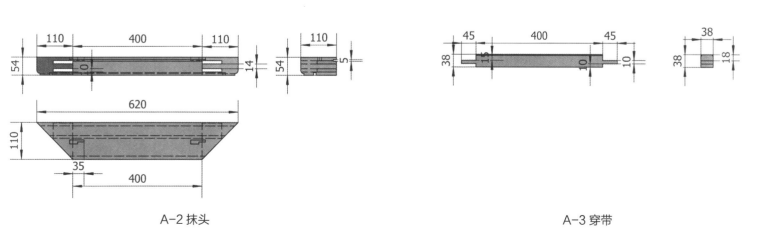

A-2 抹头

A-3 穿带

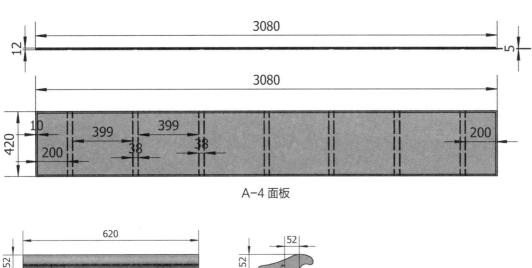

A-4 面板

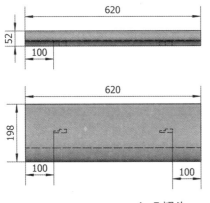

A-5 翘头

**牙条尺寸图解**

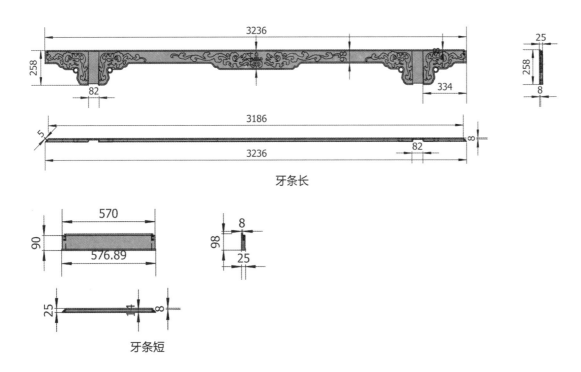

牙条长

牙条短

**腿、横枨、券口尺寸图解**

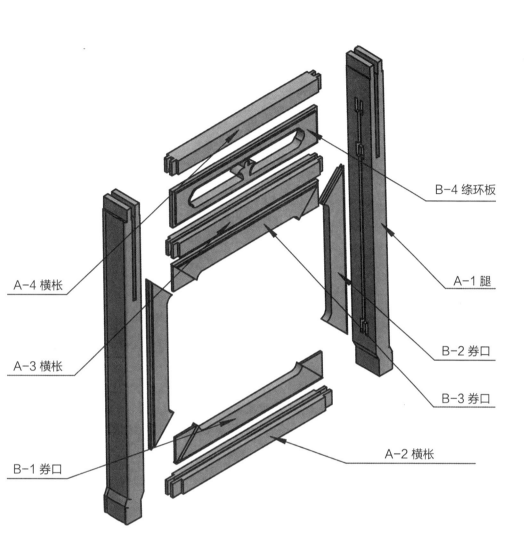

- B-4 绦环板
- A-1 腿
- B-2 券口
- B-3 券口
- A-2 横枨
- A-4 横枨
- A-3 横枨
- B-1 券口

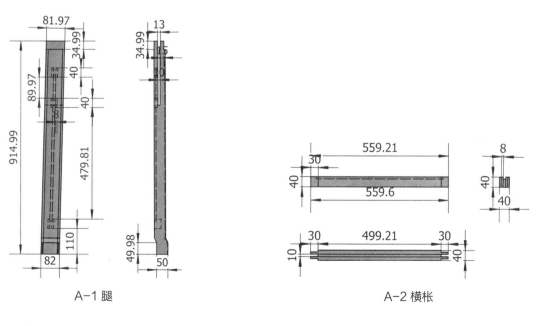

A-1 腿

A-2 横枨

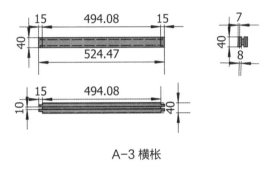

A-3 横枨

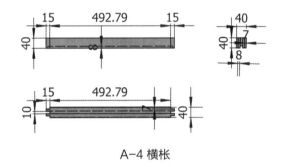

A-4 横枨

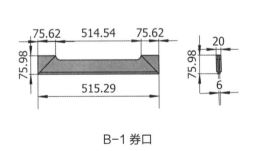

B-1 券口

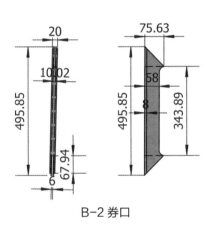

B-2 券口

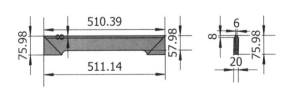

B-3 券口

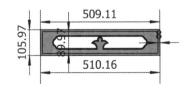

B-4 绦环板

# 耕织图立柜

规格：940mm×420mm×2005mm

此品上有两箱，下有立柜，实物有雕刻，柜门对开，包括五金件和
销子在内一共 176 个部件。

**观看视频请扫此图**

手机 QQ 扫一扫
观看 3D 结构图

全景家具图
放 置 区

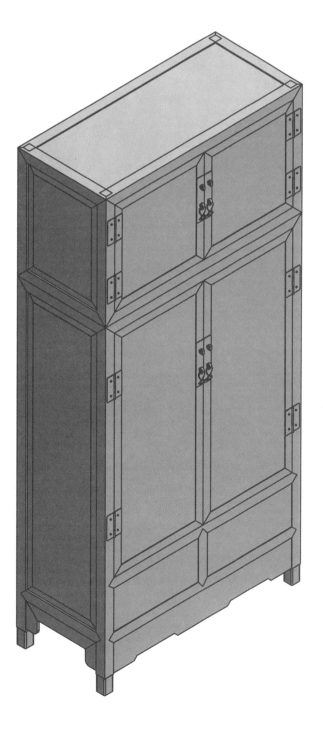

## 三视图尺寸图解

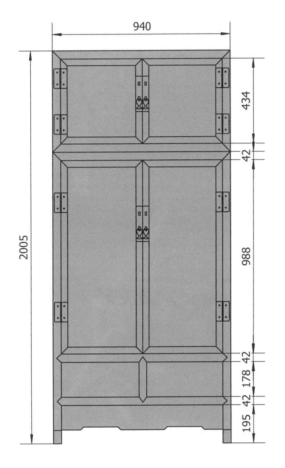

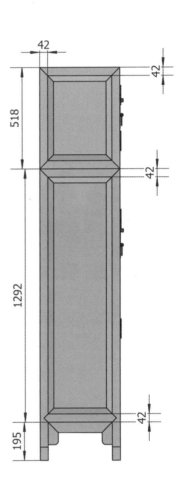

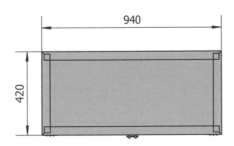

**上顶箱部件用 A 件标识，下立柜用 B 件标识**

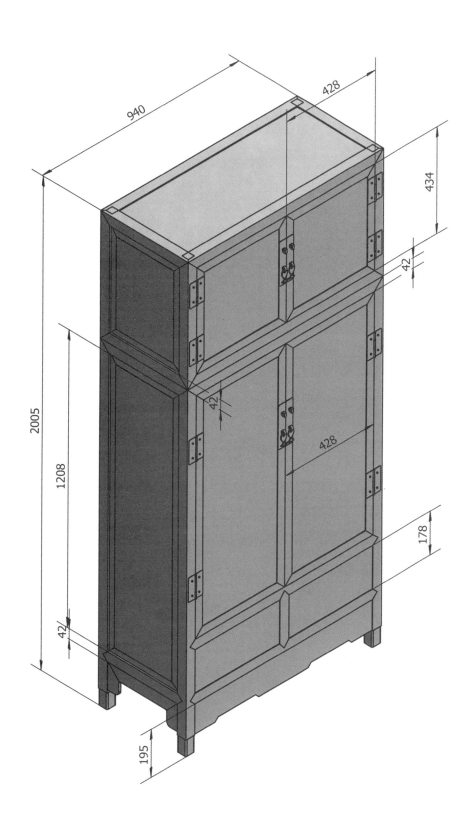

## A 部件尺寸图解

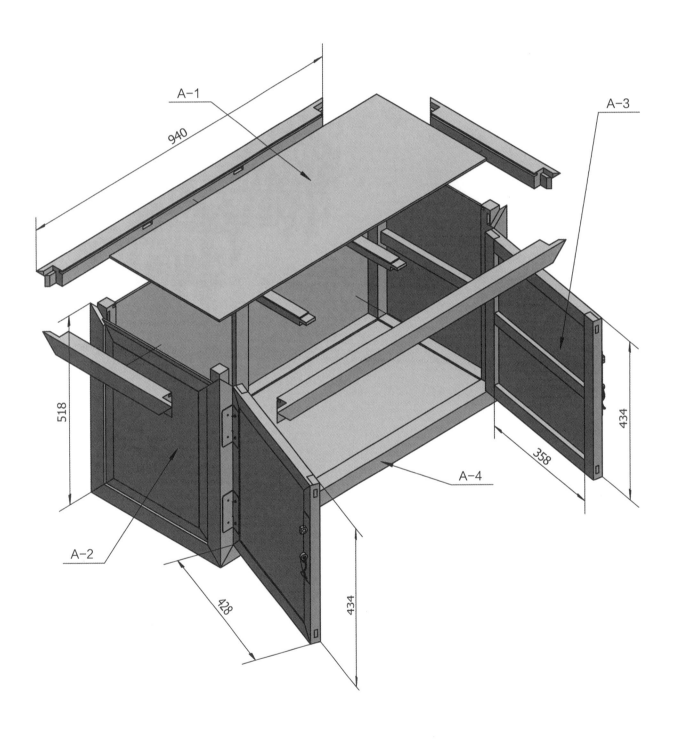

## A-1 部件尺寸图解

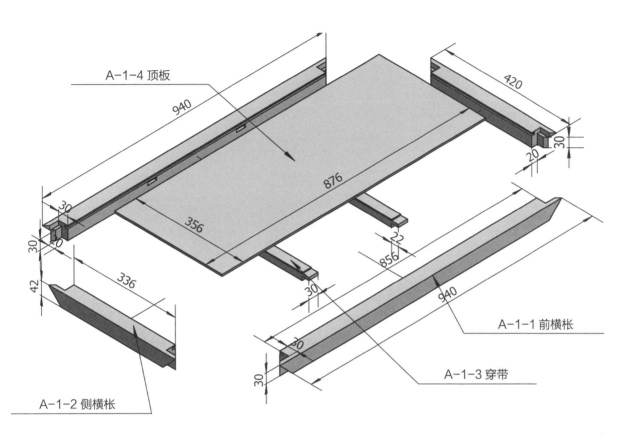

A-1-4 顶板
940
420
876
356
30
20
22
856
940
30
336
42
30
20

A-1-1 前横枨

A-1-3 穿带

A-1-2 侧横枨

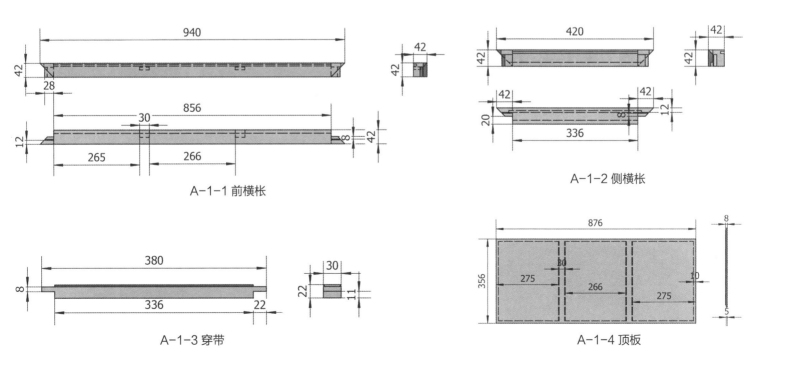

940
42
28
856
30
12
265
266
42
8

A-1-1 前横枨

420
42
42
42
42
20
42
336
12
8

A-1-2 侧横枨

380
8
336
22
22
30
11

A-1-3 穿带

876
8
356
30
275
266
275
10
5

A-1-4 顶板

## A-2 部件尺寸图解

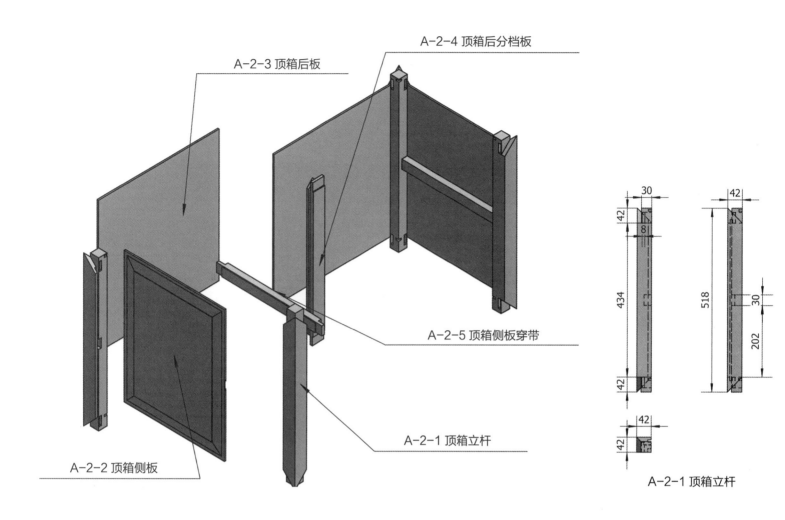

A-2-3 顶箱后板

A-2-4 顶箱后分档板

A-2-5 顶箱侧板穿带

A-2-1 顶箱立杆

A-2-2 顶箱侧板

A-2-1 顶箱立杆

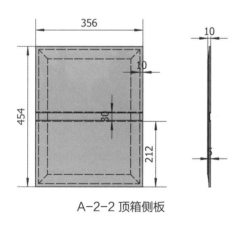

A-2-2 顶箱侧板

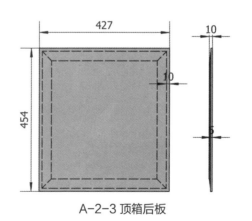

A-2-3 顶箱后板

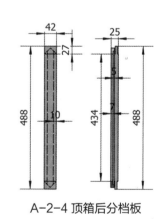

A-2-4 顶箱后分档板

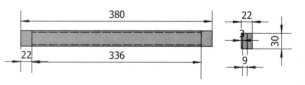

A-2-5 顶箱侧板穿带

## A-3 部件尺寸图解

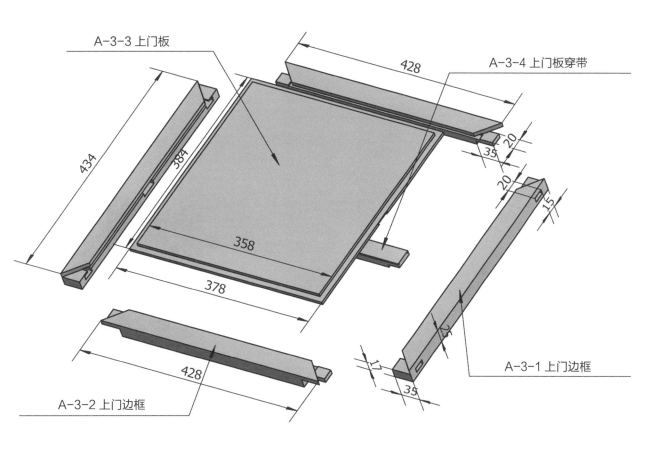

A-3-3 上门板

A-3-4 上门板穿带

428

A-3-1 上门边框

A-3-2 上门边框

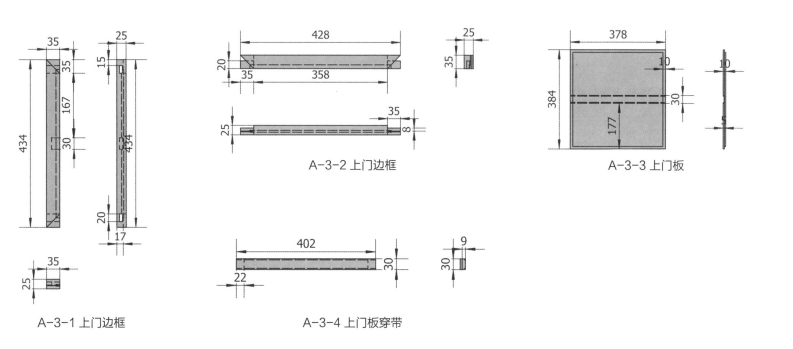

A-3-1 上门边框

A-3-2 上门边框

A-3-3 上门板

A-3-4 上门板穿带

## A-4 部件尺寸图解

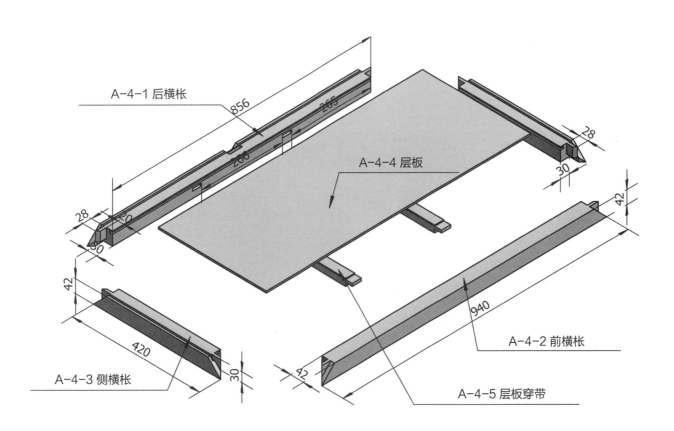

A-4-1 后横枨

A-4-4 层板

A-4-2 前横枨

A-4-3 侧横枨

A-4-5 层板穿带

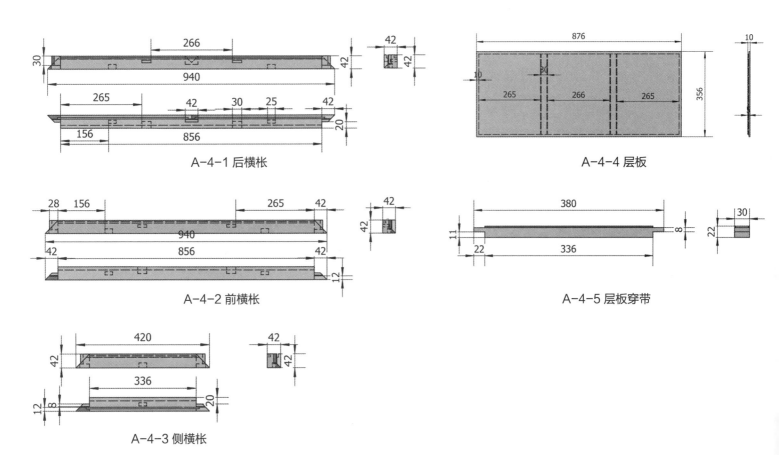

A-4-1 后横枨

A-4-4 层板

A-4-2 前横枨

A-4-5 层板穿带

A-4-3 侧横枨

**下立柜标识分解**

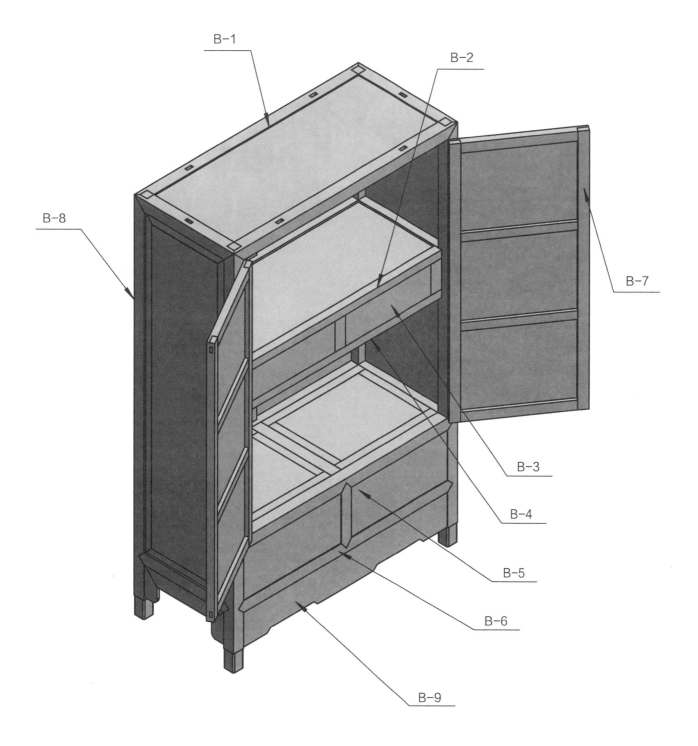

## B-1 部件尺寸图解

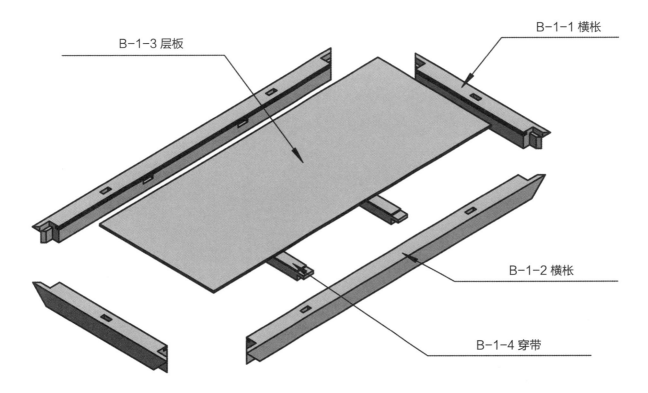

B-1-3 层板

B-1-1 横枨

B-1-2 横枨

B-1-4 穿带

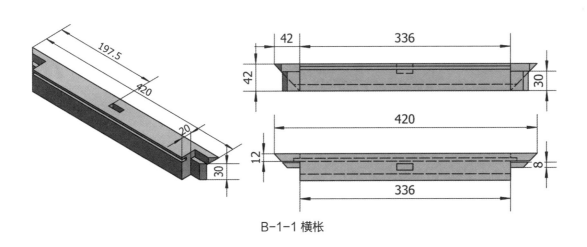

B-1-1 横枨

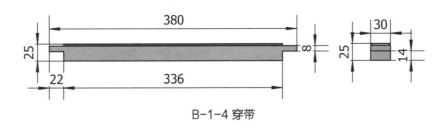

B-1-4 穿带

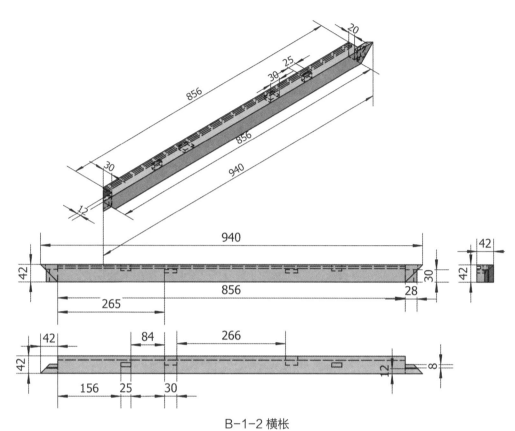

B-1-2 横枨

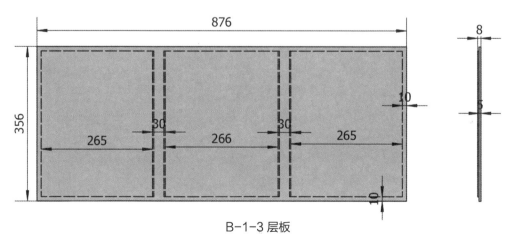

B-1-3 层板

## B-2 部件尺寸图解

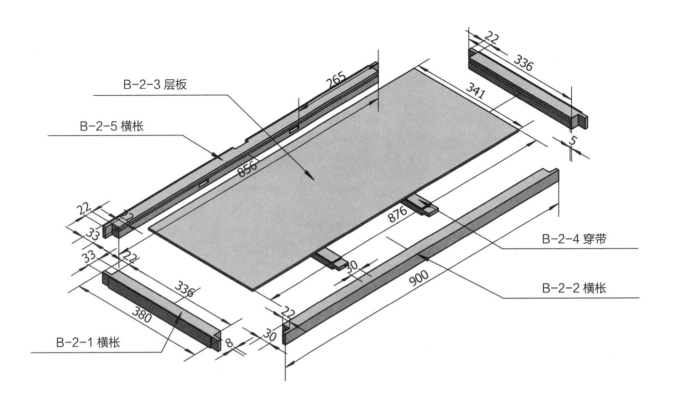

B-2-3 层板

B-2-5 横枨

B-2-4 穿带

B-2-2 横枨

B-2-1 横枨

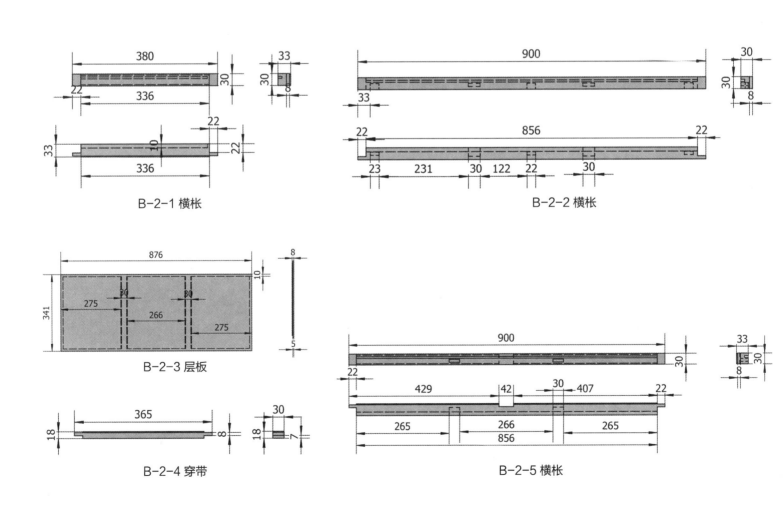

B-2-1 横枨

B-2-2 横枨

B-2-3 层板

B-2-4 穿带

B-2-5 横枨

## B-3 部件尺寸图解

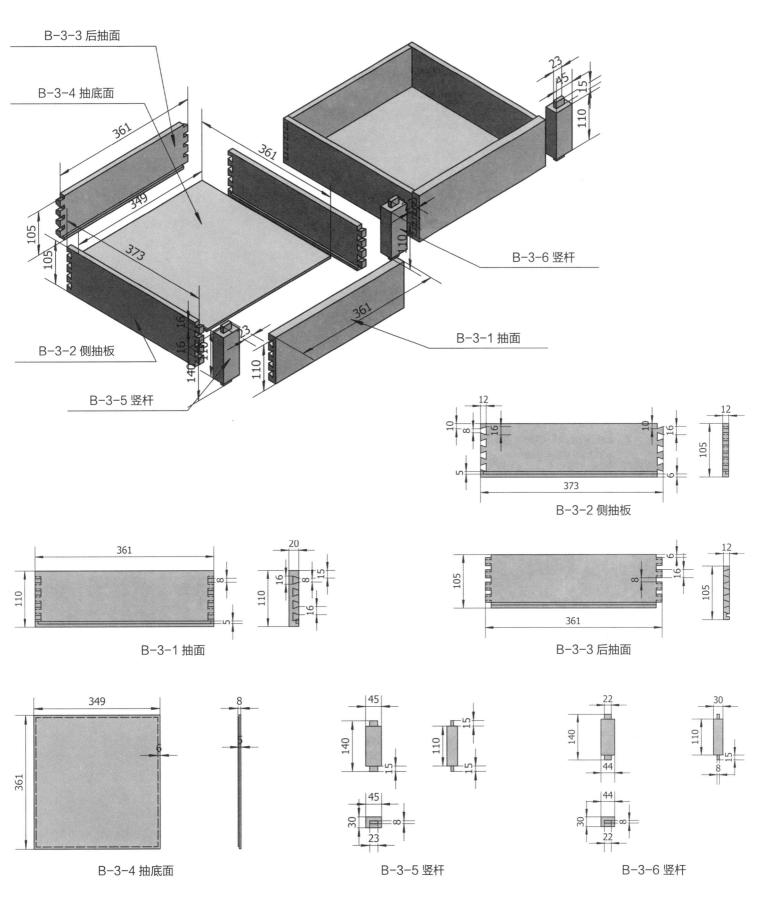

B-3-3 后抽面

B-3-4 抽底面

B-3-2 侧抽板

B-3-5 竖杆

B-3-6 竖杆

B-3-1 抽面

B-3-2 侧抽板

B-3-1 抽面

B-3-3 后抽面

B-3-4 抽底面

B-3-5 竖杆

B-3-6 竖杆

## B-4 部件尺寸图解

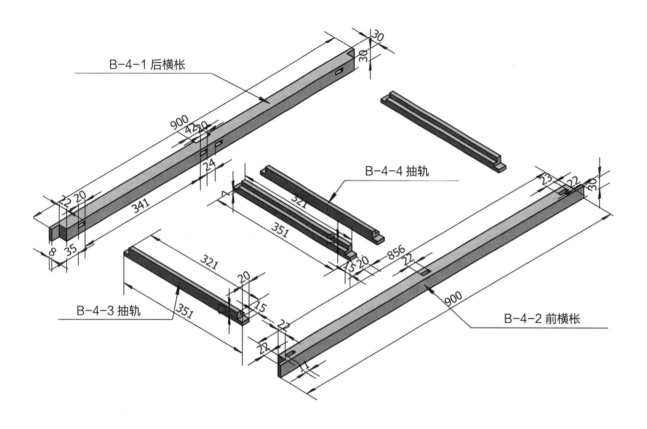

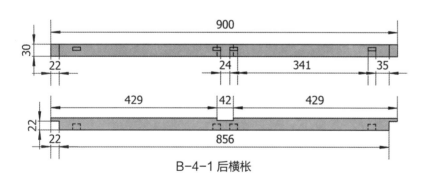

B-4-1 后横枨

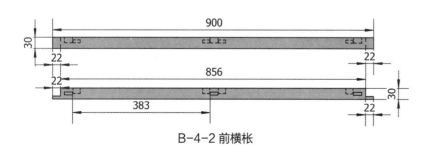

B-4-2 前横枨

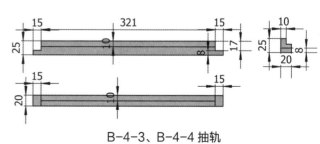

B-4-3、B-4-4 抽轨

## B-5 部件尺寸图解

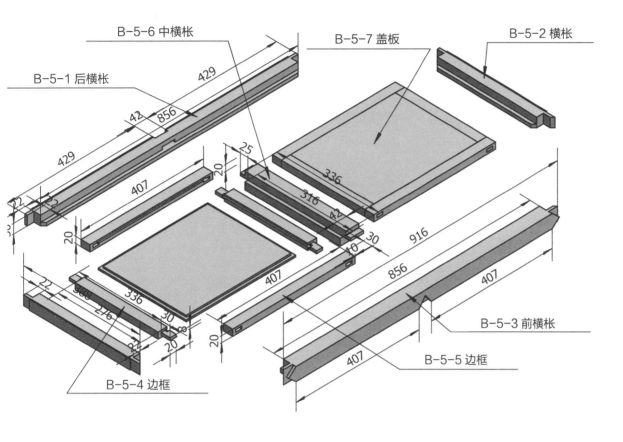

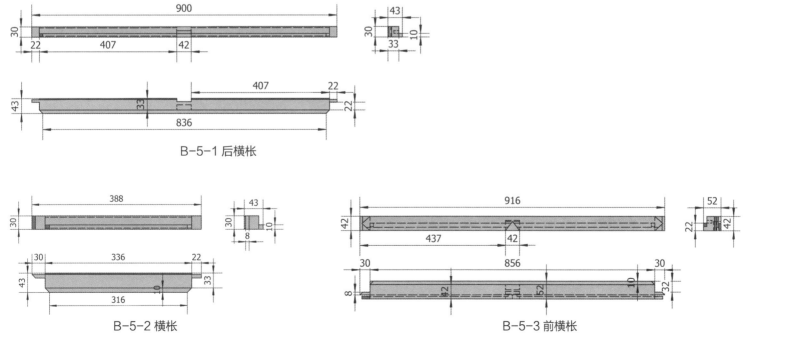

B-5-1 后横枨

B-5-2 横枨

B-5-3 前横枨

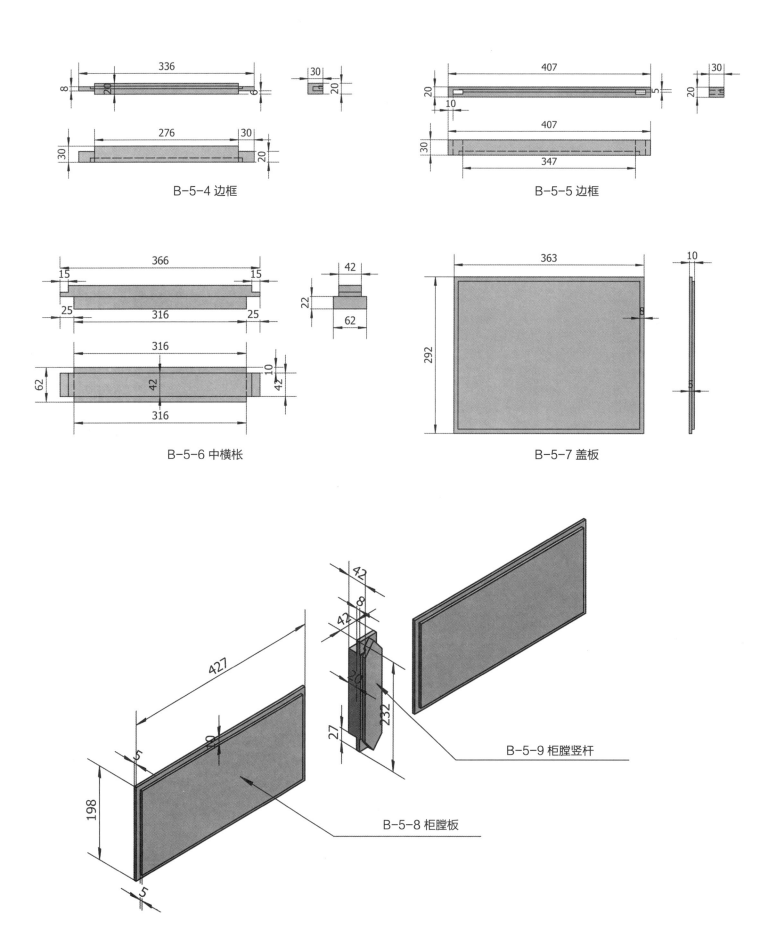

B-5-4 边框

B-5-5 边框

B-5-6 中横枨

B-5-7 盖板

B-5-9 柜膛竖杆

B-5-8 柜膛板

## B-6 部件尺寸图解

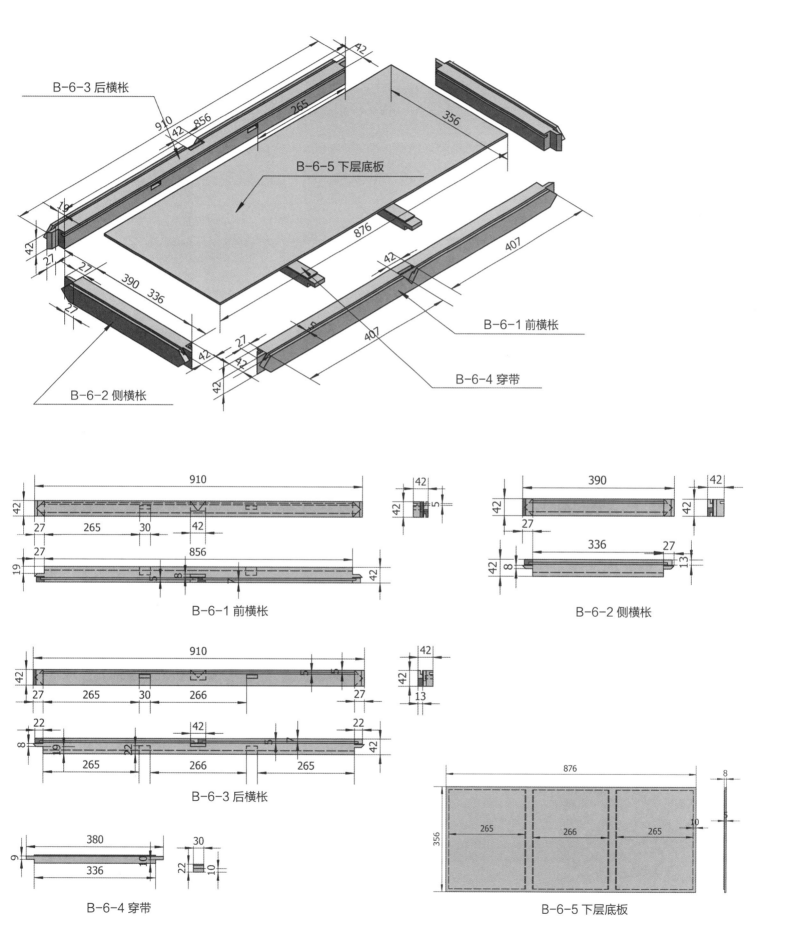

B-6-3 后横枨

B-6-5 下层底板

B-6-1 前横枨

B-6-4 穿带

B-6-2 侧横枨

B-6-1 前横枨

B-6-2 侧横枨

B-6-3 后横枨

B-6-4 穿带

B-6-5 下层底板

## B-7 部件尺寸图解

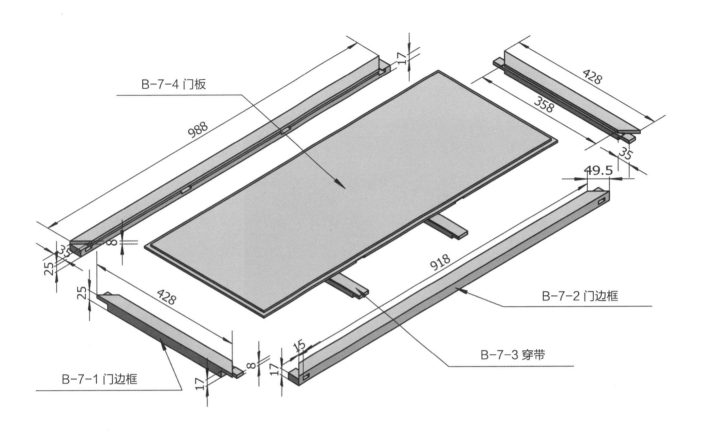

B-7-4 门板

988

17

428

358

35

49.5

918

B-7-2 门边框

25

35

25

8

428

B-7-1 门边框

15

8

17

B-7-3 穿带

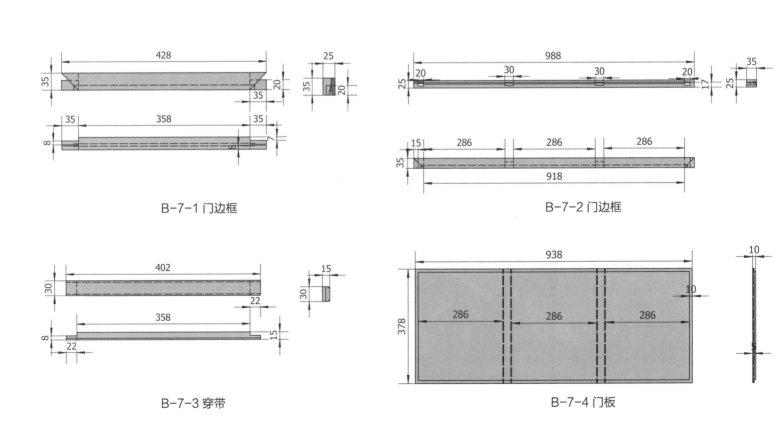

B-7-1 门边框

428

35

20

35

25

35

20

35

358

35

8

7

B-7-2 门边框

988

35

20

30

30

20

25

17

25

15

286

286

286

35

918

B-7-3 穿带

402

30

22

15

30

358

8

22

15

B-7-4 门板

938

10

10

378

286

286

286

## B-8 部件尺寸图解

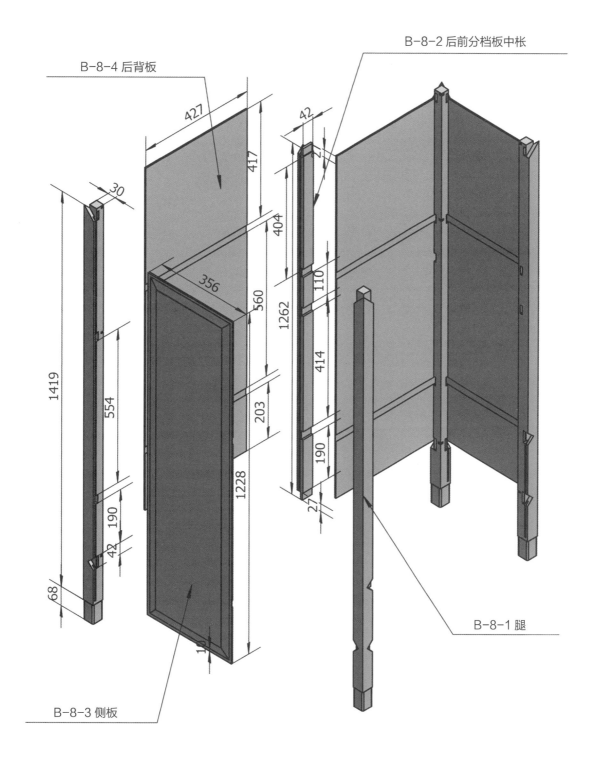

B-8-4 后背板

B-8-2 后前分档板中枨

B-8-3 侧板

B-8-1 腿

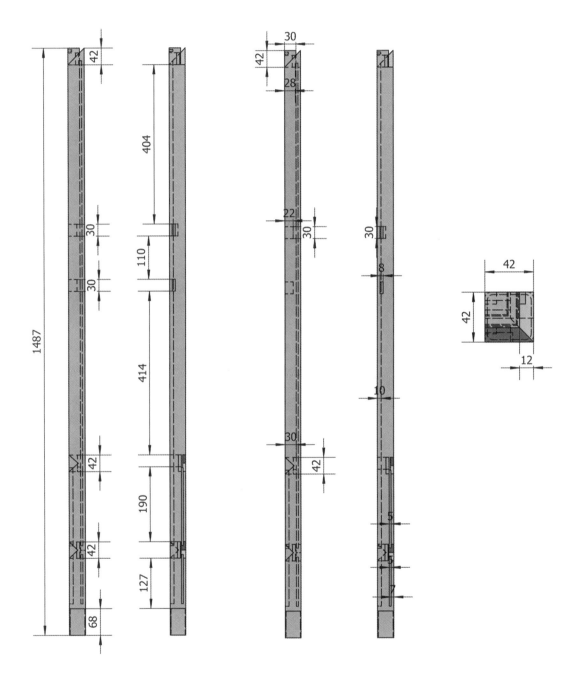

B-8-1 腿

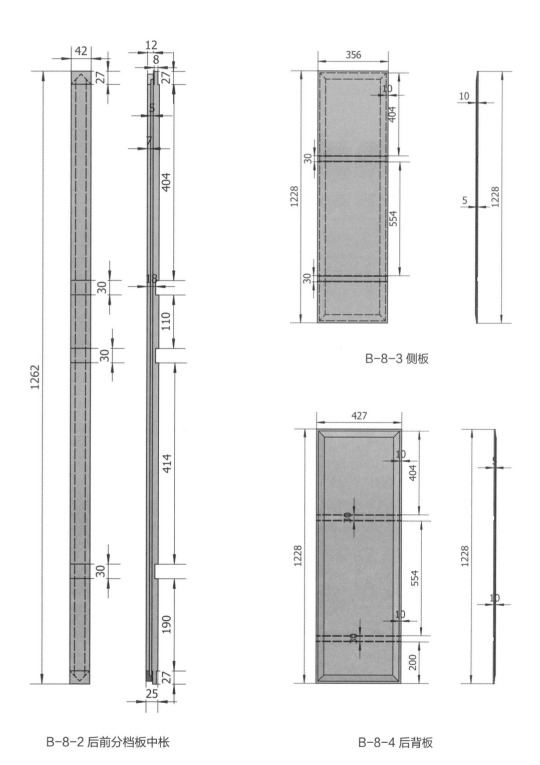

B-8-2 后前分档板中枨

B-8-3 侧板

B-8-4 后背板

## B-9 部件尺寸图解

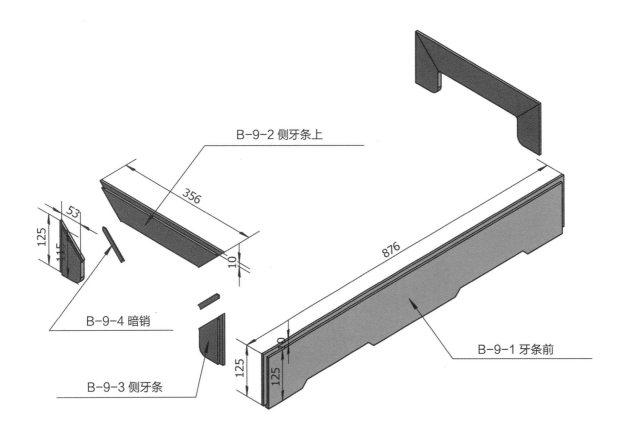

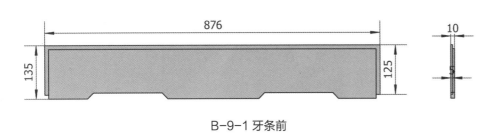

B-9-1 牙条前

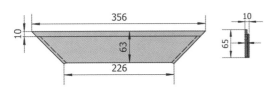

B-9-2 侧牙条上

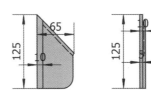

B-9-3 侧牙条

B-9-4 暗销

# 万立柜

规格：920mm×595mm×2040mm

此品由 123 个部件组装而成，上格下柜。

手机 QQ 扫一扫
观看 3D 结构图

全景家具图
放 置 区

## 三视图尺寸图解

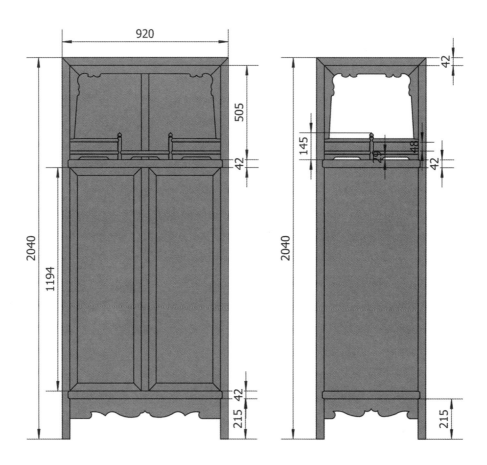

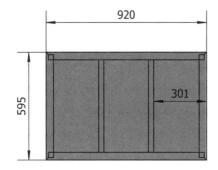

**部件分层标号，每个标号表示同层的所有部件**

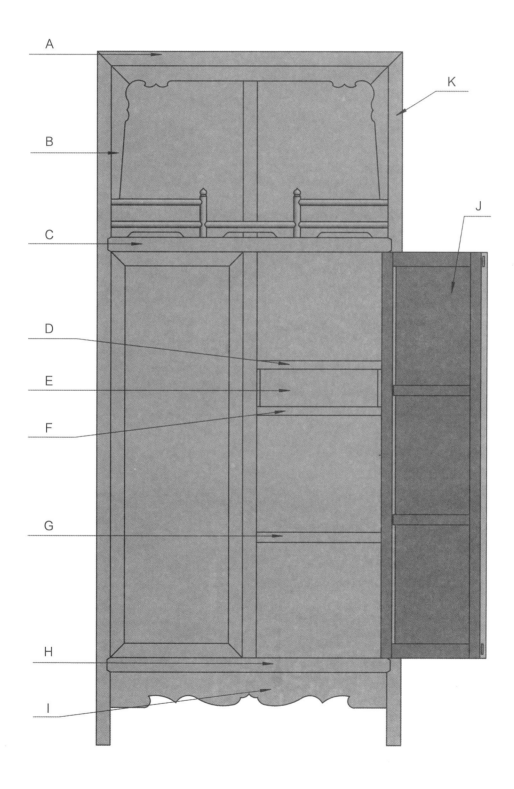

## A 部件尺寸图解

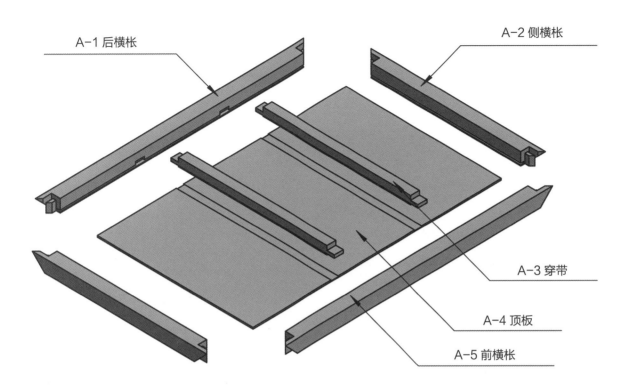

A-1 后横枨
A-2 侧横枨
A-3 穿带
A-4 顶板
A-5 前横枨

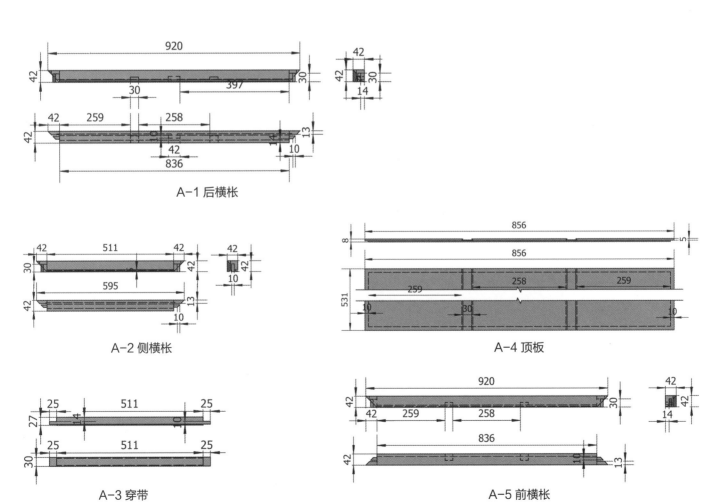

A-1 后横枨

A-2 侧横枨

A-3 穿带

A-4 顶板

A-5 前横枨

# B 部件尺寸图解

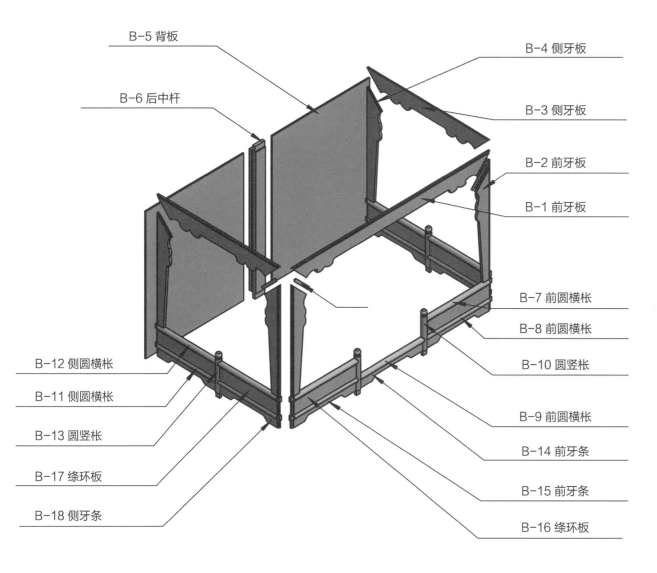

B-5 背板

B-6 后中杆

B-4 侧牙板

B-3 侧牙板

B-2 前牙板

B-1 前牙板

B-7 前圆横枨

B-8 前圆横枨

B-10 圆竖枨

B-12 侧圆横枨

B-11 侧圆横枨

B-13 圆竖枨

B-9 前圆横枨

B-17 绦环板

B-14 前牙条

B-18 侧牙条

B-15 前牙条

B-16 绦环板

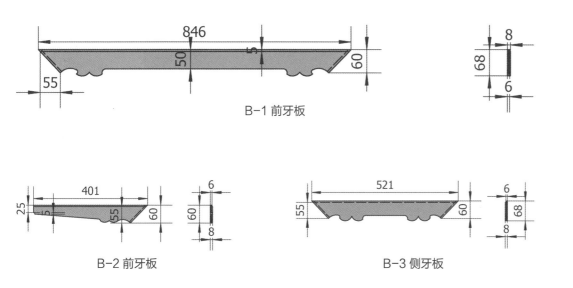

B-1 前牙板

B-2 前牙板

B-3 侧牙板

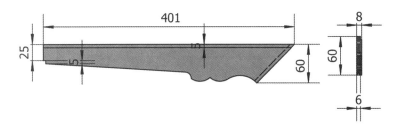

B-4 侧牙板

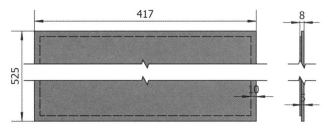

B-5 背板

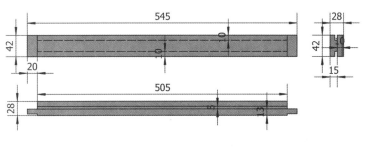

B-6 后中杆

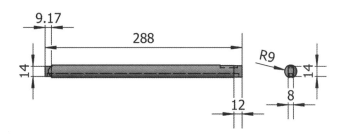

B-7 前圆横枨

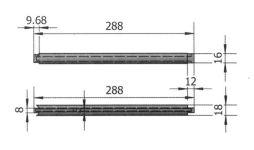

B-8 前圆横枨

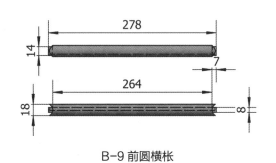

B-9 前圆横枨

B-10 圆竖枨

B-11 侧圆横枨

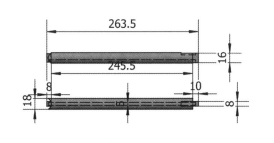

B-12 侧圆横枨

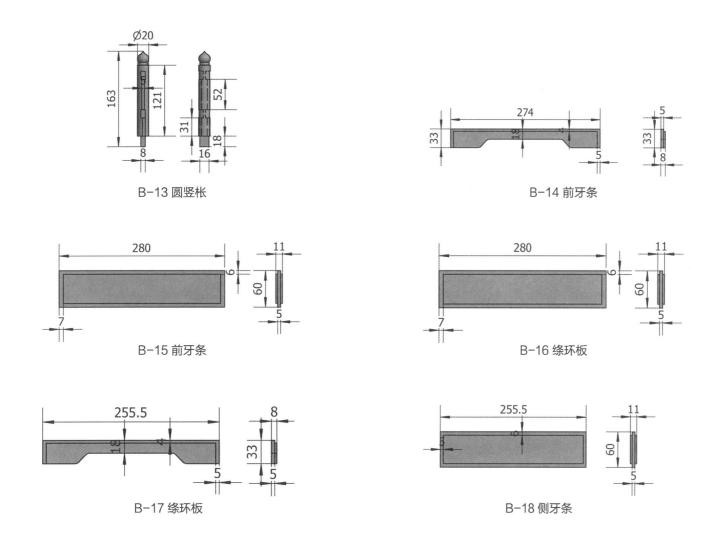

B-13 圆竖枨

B-14 前牙条

B-15 前牙条

B-16 绦环板

B-17 绦环板

B-18 侧牙条

## C 部件尺寸图解

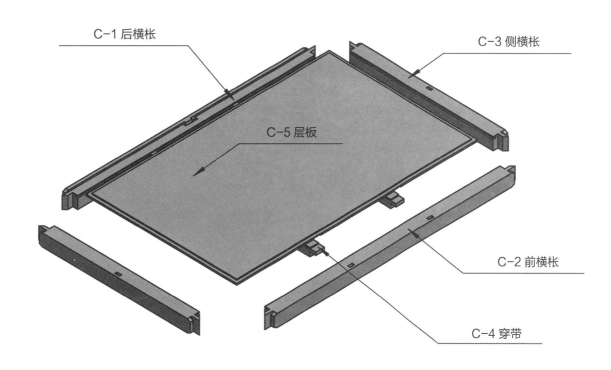

C-1 后横枨

C-3 侧横枨

C-5 层板

C-2 前横枨

C-4 穿带

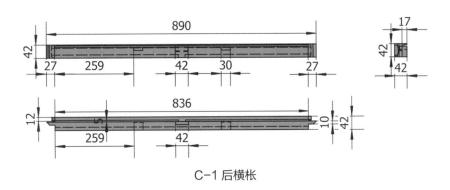

C-1 后横枨

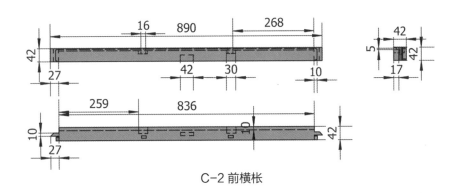

C-2 前横枨

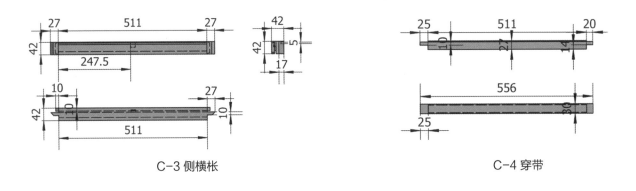

C-3 侧横枨　　　　　　　　　　　　C-4 穿带

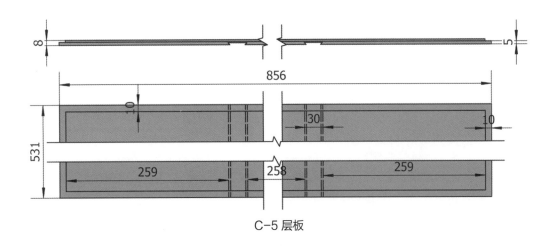

C-5 层板

# D 部件尺寸图解

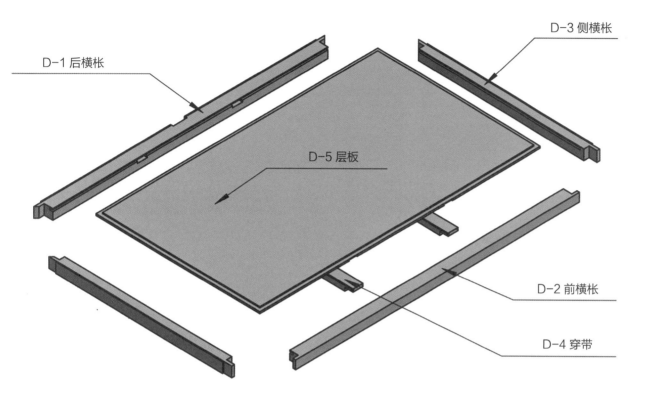

D-1 后横枨

D-3 侧横枨

D-5 层板

D-2 前横枨

D-4 穿带

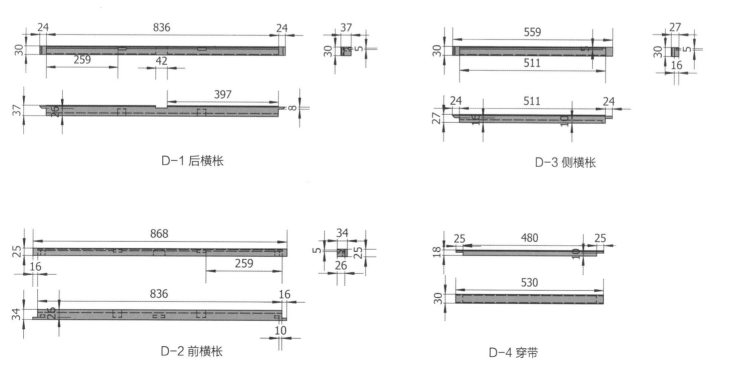

D-1 后横枨

D-3 侧横枨

D-2 前横枨

D-4 穿带

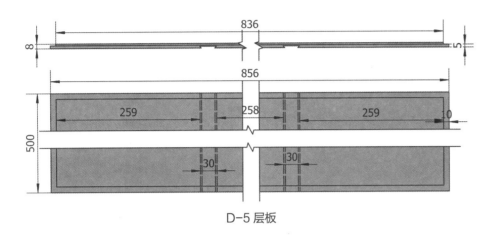

D-5 层板

## E、F 部件尺寸图解

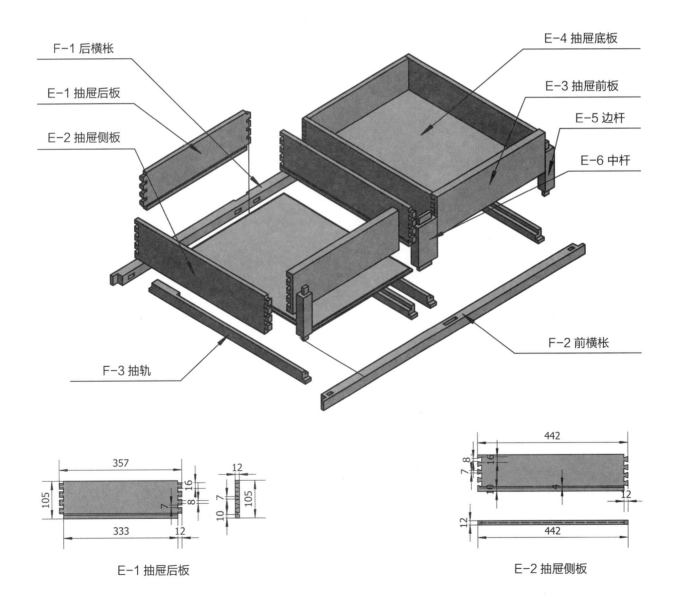

F-1 后横枨

E-1 抽屉后板

E-2 抽屉侧板

F-3 抽轨

E-4 抽屉底板

E-3 抽屉前板

E-5 边杆

E-6 中杆

F-2 前横枨

E-1 抽屉后板

E-2 抽屉侧板

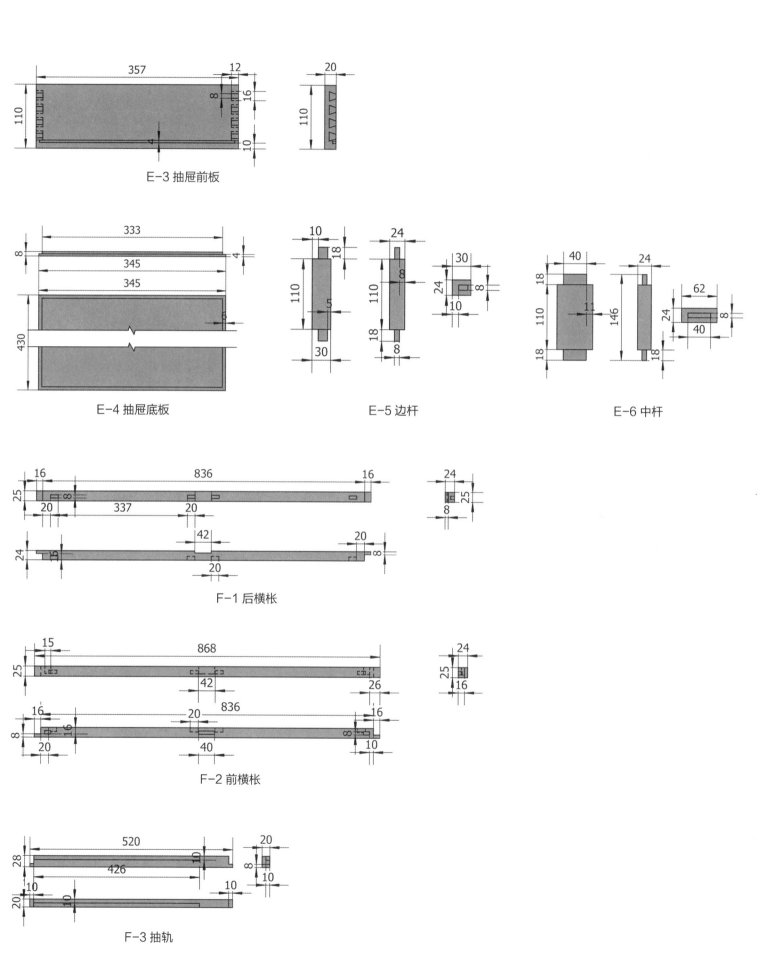

E-3 抽屉前板

E-4 抽屉底板

E-5 边杆

E-6 中杆

F-1 后横枨

F-2 前横枨

F-3 抽轨

## G 部件尺寸图解

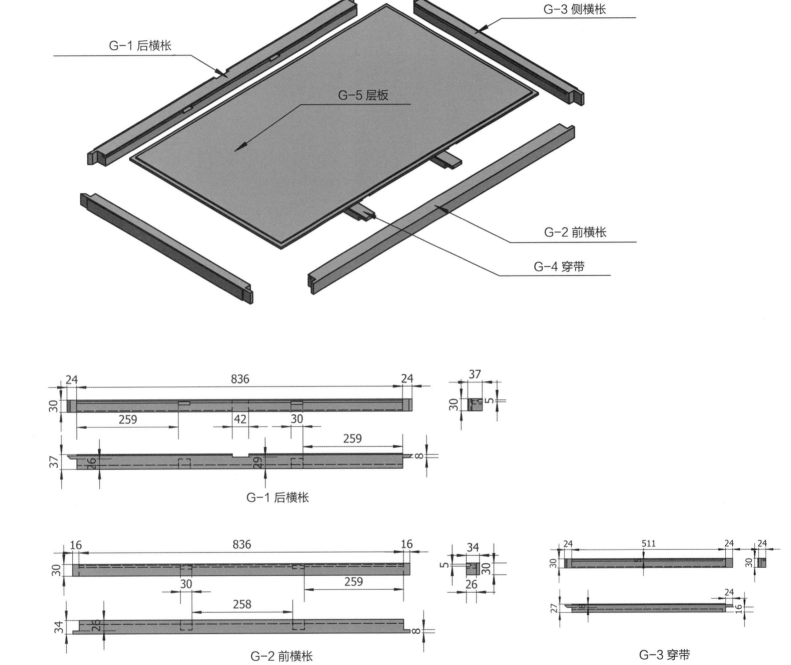

G-1 后横枨

G-3 侧横枨

G-5 层板

G-2 前横枨

G-4 穿带

G-1 后横枨

G-2 前横枨

G-3 穿带

G-4 穿带

G-5 层板

## H、I部件尺寸图解

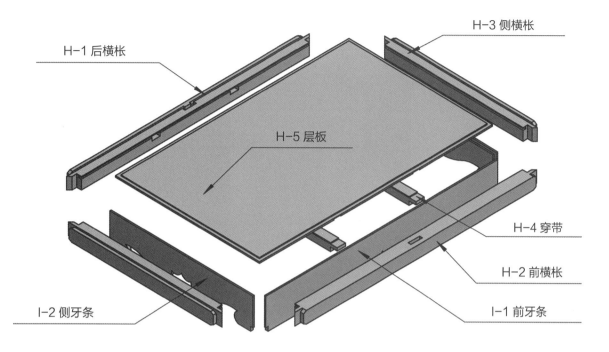

H-1 后横枨

H-3 侧横枨

H-5 层板

H-4 穿带

H-2 前横枨

I-2 侧牙条

I-1 前牙条

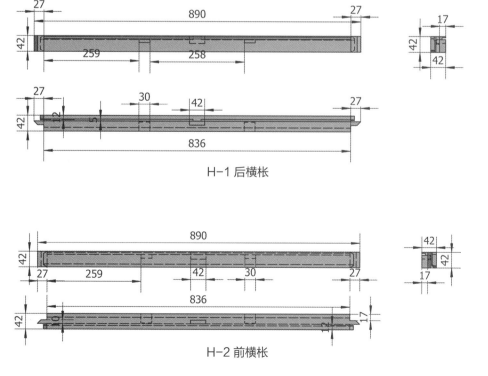

H-1 后横枨

H-2 前横枨

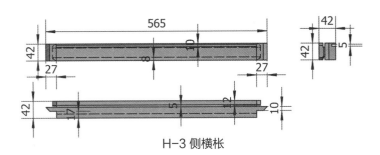

H-3 侧横枨

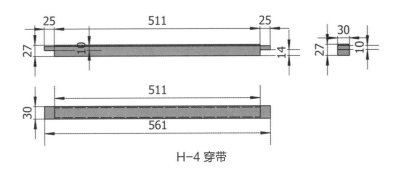

H-4 穿带

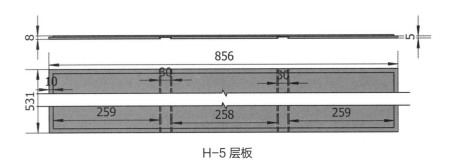

H-5 层板

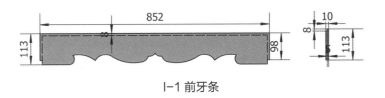

I-1 前牙条

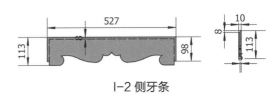

I-2 侧牙条

# J 部件尺寸图解

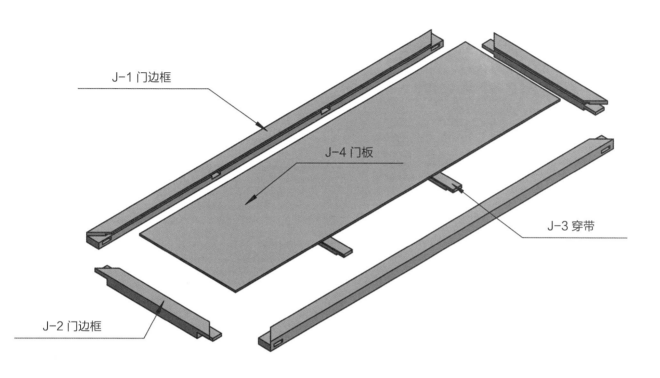

J-1 门边框

J-4 门板

J-3 穿带

J-2 门边框

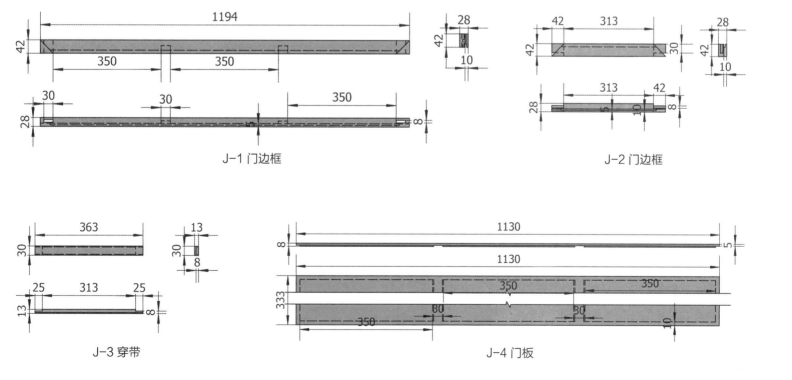

J-1 门边框

J-2 门边框

J-3 穿带

J-4 门板

## K 部件尺寸图解

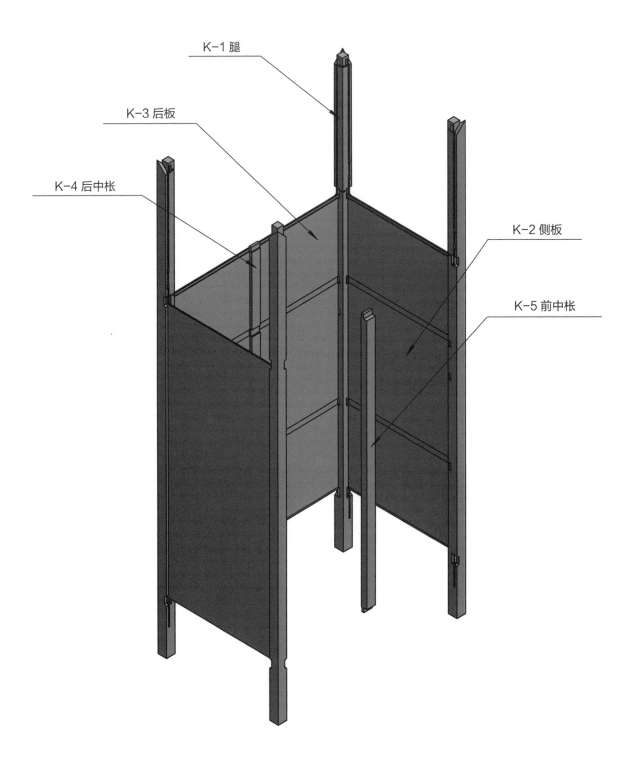

K-1 腿

K-3 后板

K-4 后中枨

K-2 侧板

K-5 前中枨

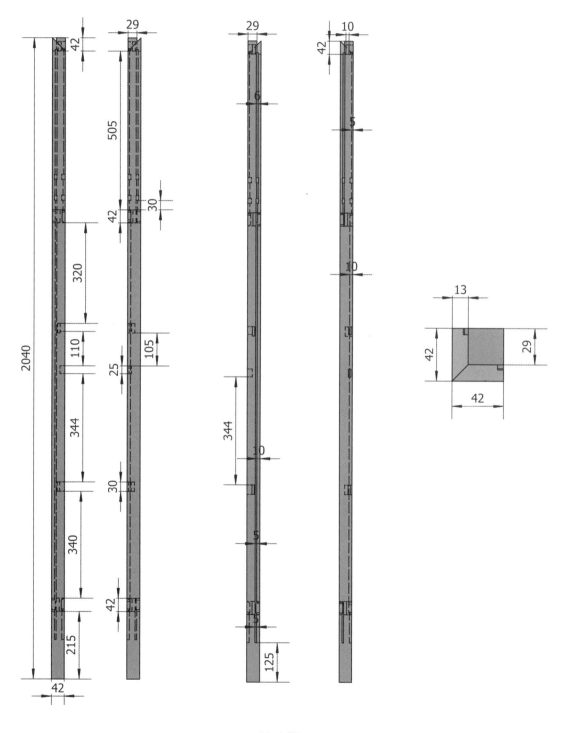

K-1 腿

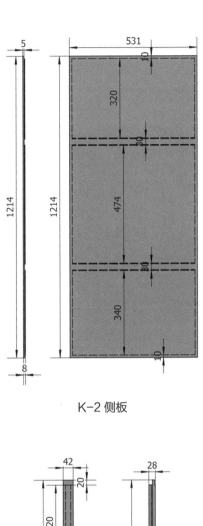

K-2 侧板

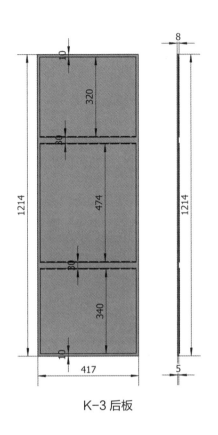

K-3 后板

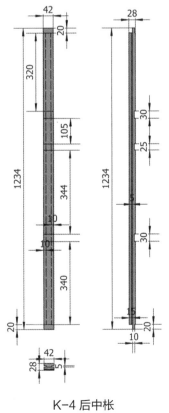

K-4 后中枨

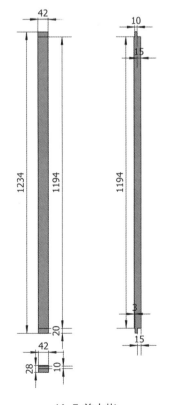

K-5 前中枨

# 立柜

规格：836mm×320mm×1620mm

本品包含附件在内，共由 111 个部件组成。对开门，下有柜肚，

边框上安装合页。

**观看视频请扫此图**

手机 QQ 扫一扫
观看 3D 结构图

全景家具图
放置区

## 三视图尺寸图解

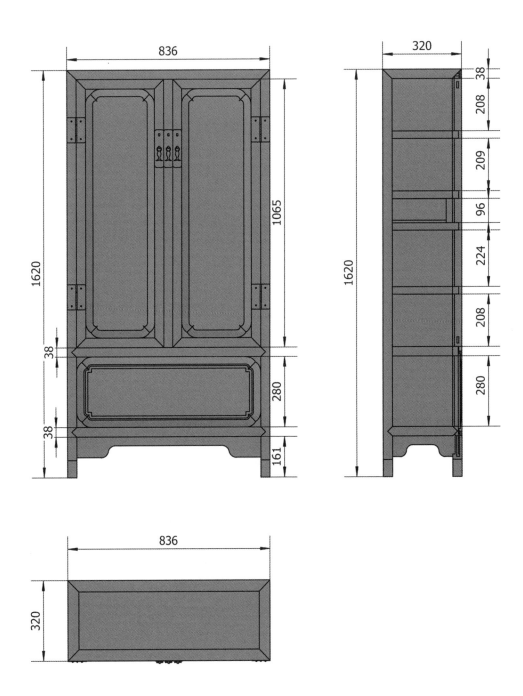

## 立柜部件分解标识图解

J 柜门

A

I－腿

B

C

D

E

F

G

H

K 板

## A 部件—顶边框、穿带、盖板尺寸图解

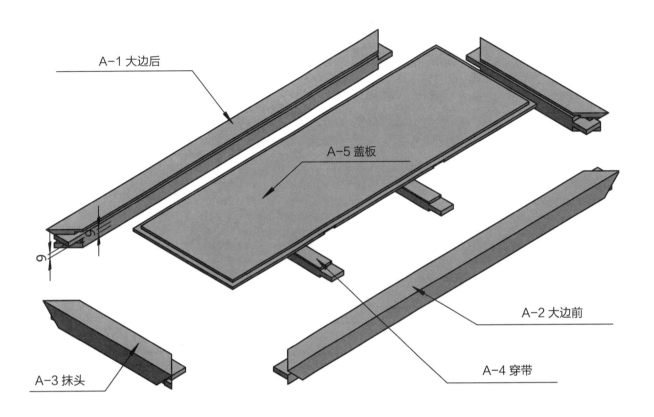

A-1 大边后
A-5 盖板
A-2 大边前
A-4 穿带
A-3 抹头

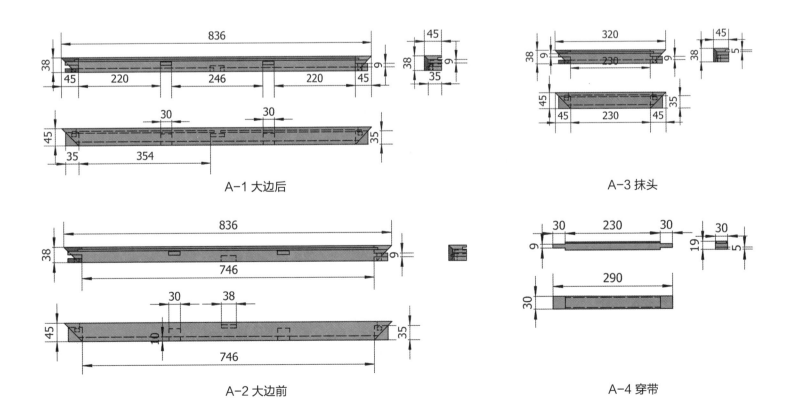

A-1 大边后

A-3 抹头

A-2 大边前

A-4 穿带

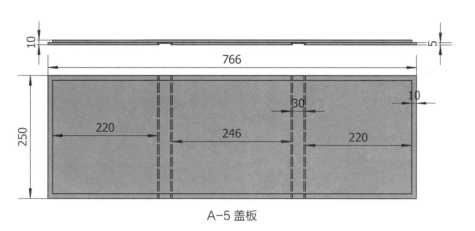

A-5 盖板

## B、C、D 部件尺寸图解

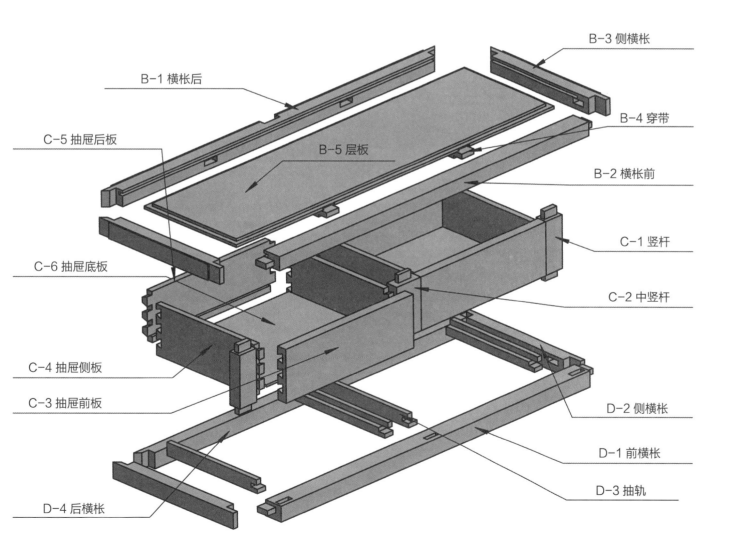

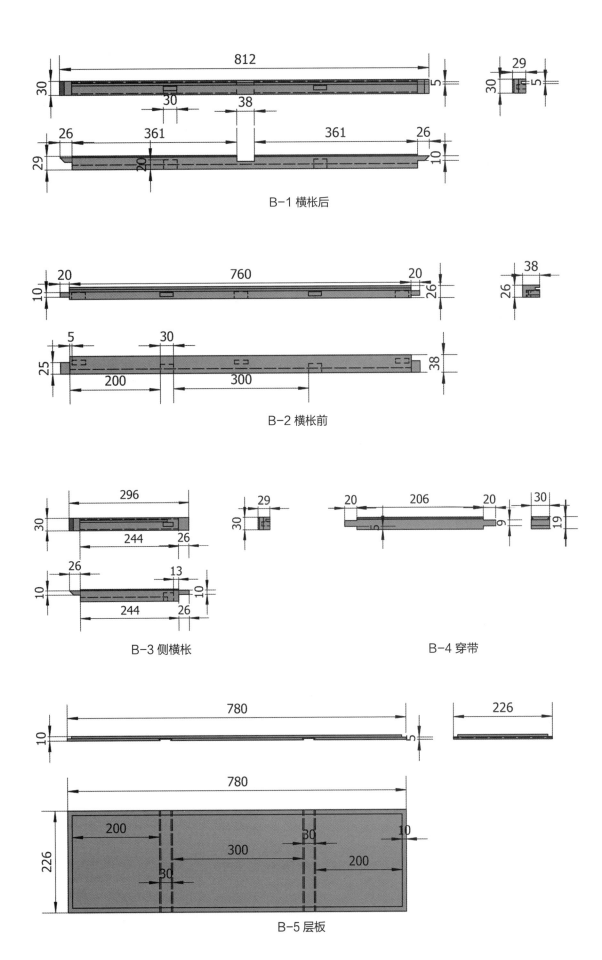

B-1 横枨后

B-2 横枨前

B-3 侧横枨

B-4 穿带

B-5 层板

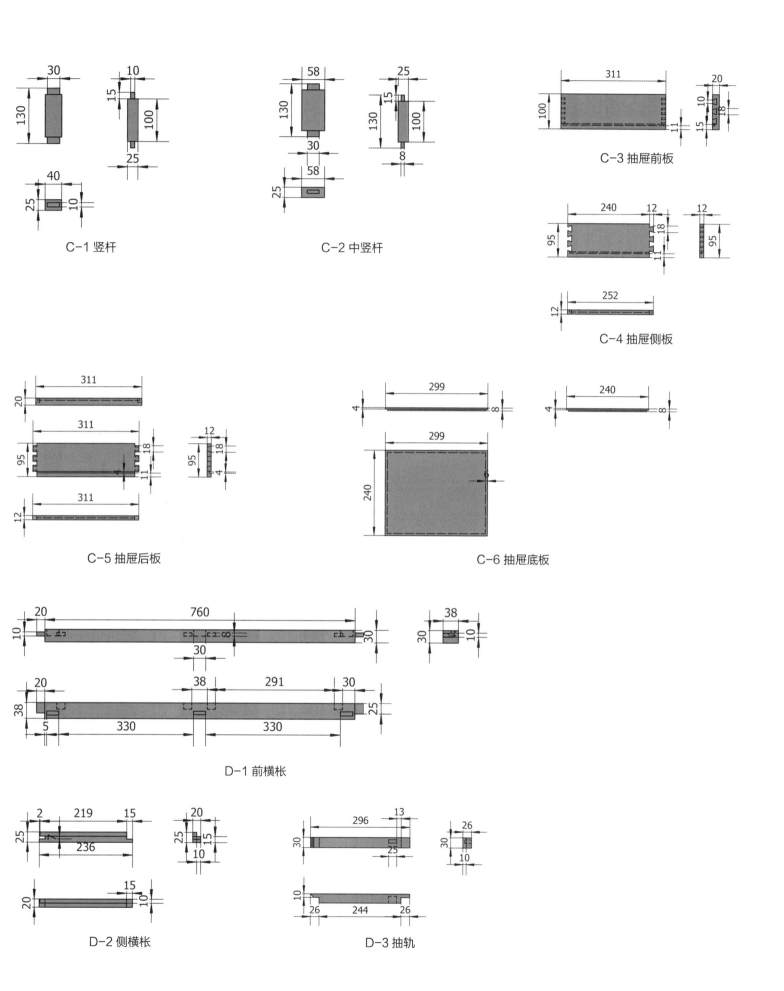

C-1 竖杆

C-2 中竖杆

C-3 抽屉前板

C-4 抽屉侧板

C-5 抽屉后板

C-6 抽屉底板

D-1 前横枨

D-2 侧横枨

D-3 抽轨

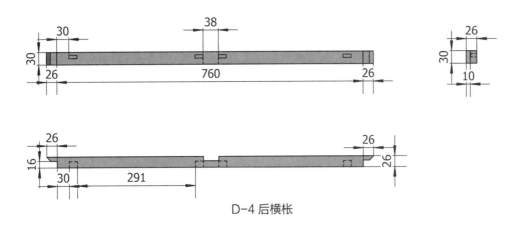

D-4 后横枨

## E 部件尺寸图解

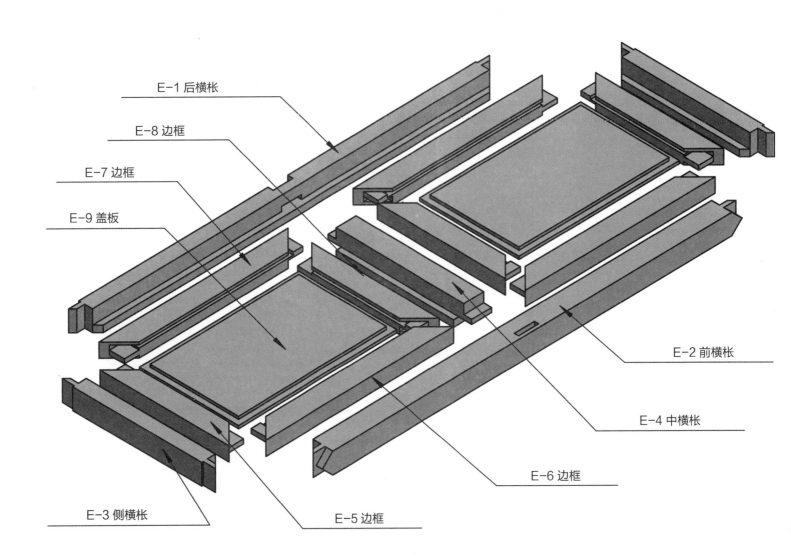

E-1 后横枨

E-8 边框

E-7 边框

E-9 盖板

E-2 前横枨

E-4 中横枨

E-6 边框

E-3 侧横枨

E-5 边框

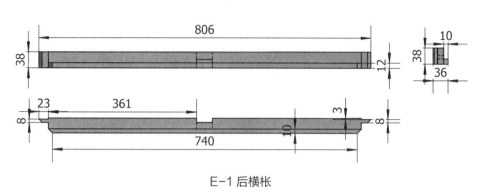

E-1 后横枨

E-3 侧横枨

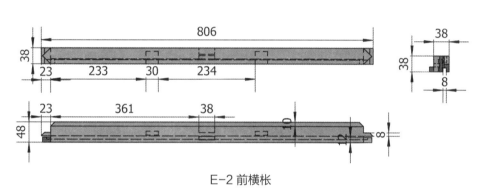

E-2 前横枨

E-4 中横枨

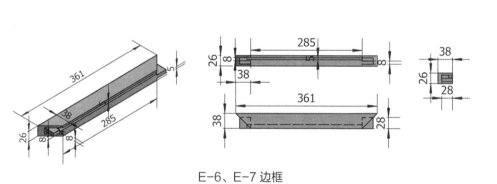

E-6、E-7 边框

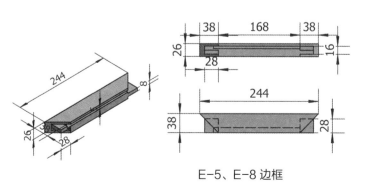

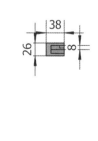

E-5、E-8 边框

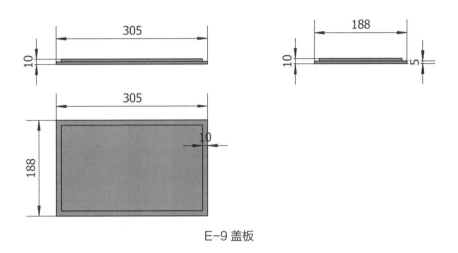

E-9 盖板

## F、H 部件尺寸图解

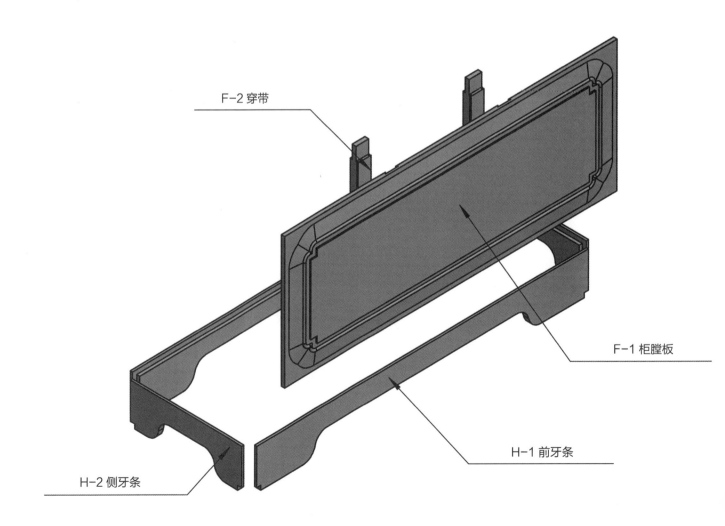

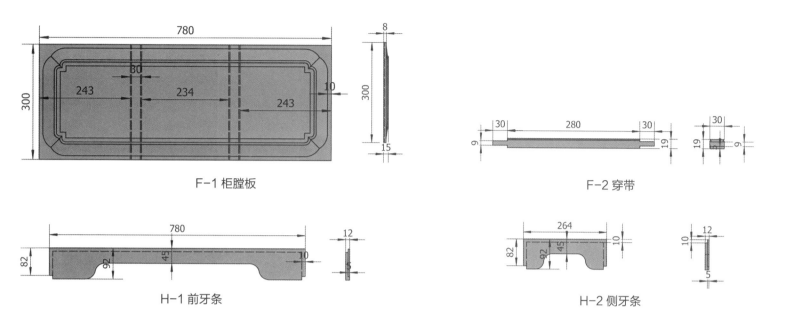

F-1 柜膛板

F-2 穿带

H-1 前牙条

H-2 侧牙条

## G 部件尺寸图解

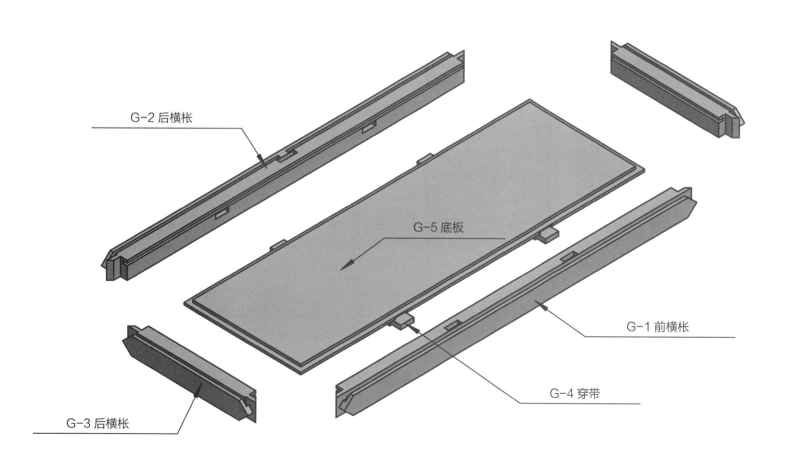

G-2 后横枨

G-5 底板

G-3 后横枨

G-4 穿带

G-1 前横枨

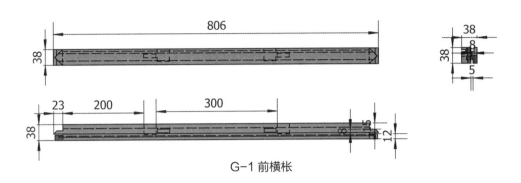

G-1 前横枨

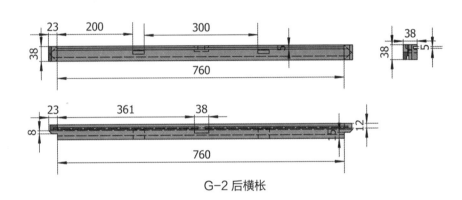

G-2 后横枨

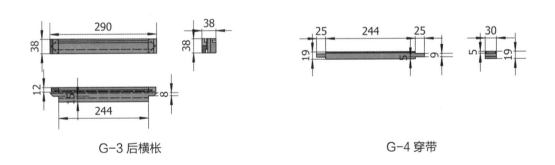

G-3 后横枨　　　　　　　　　　G-4 穿带

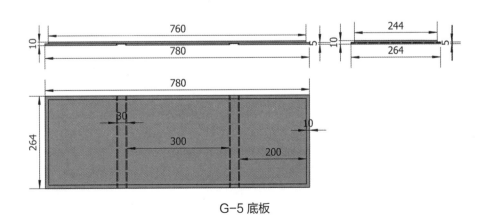

G-5 底板

## J 部件尺寸图解

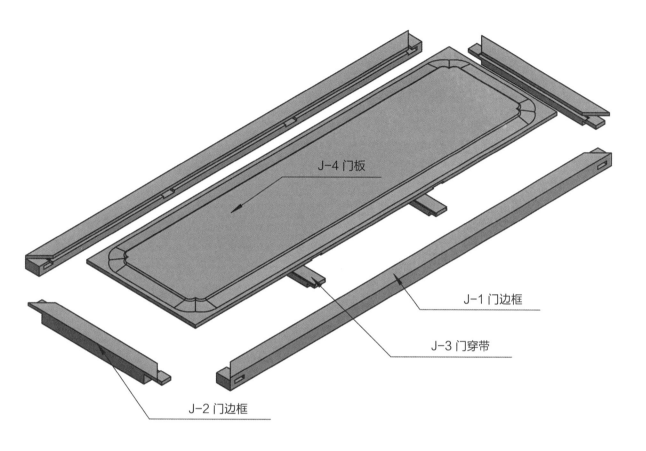

J-4 门板

J-1 门边框

J-3 门穿带

J-2 门边框

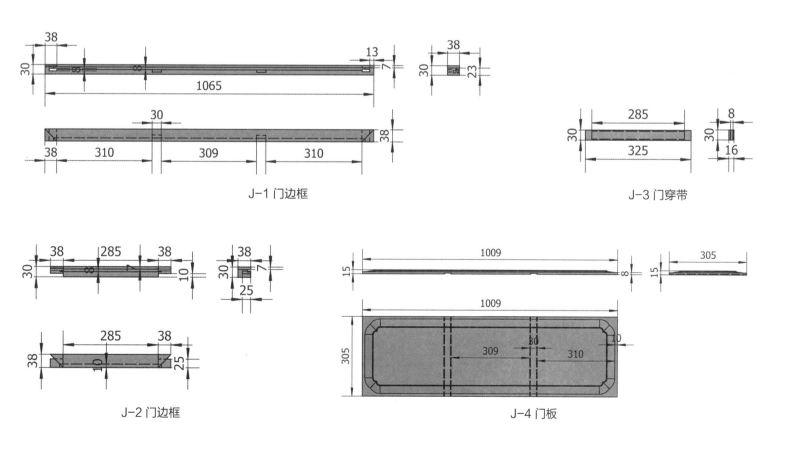

J-1 门边框

J-3 门穿带

J-2 门边框

J-4 门板

**I 部件—腿、中枨与 K 部件—后侧板尺寸图解**

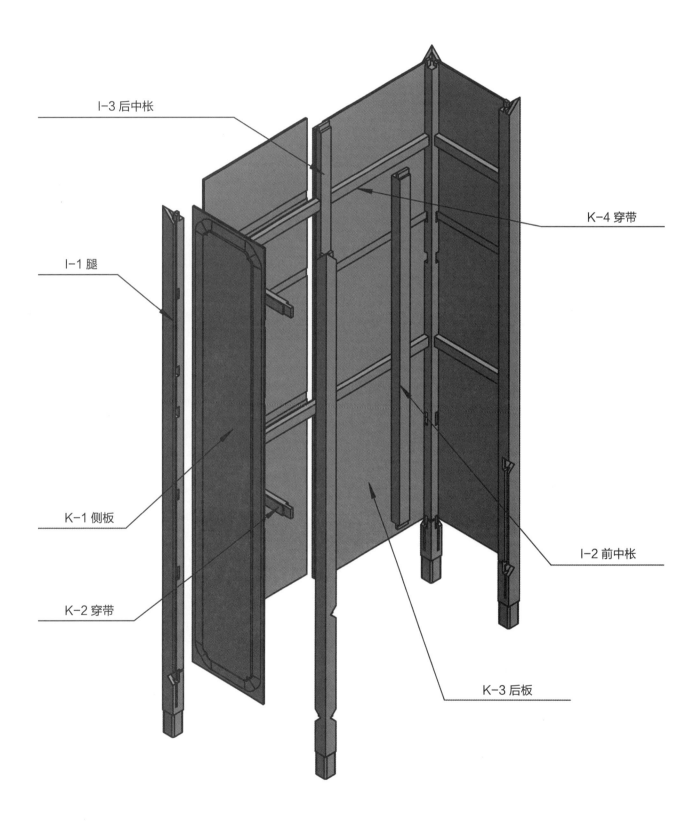

I-3 后中枨

I-1 腿

K-1 侧板

K-2 穿带

K-4 穿带

I-2 前中枨

K-3 后板

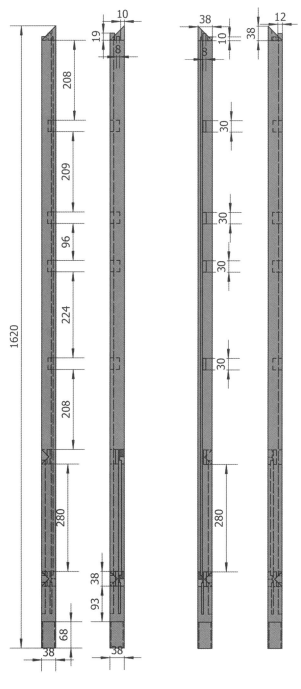

I-1 腿

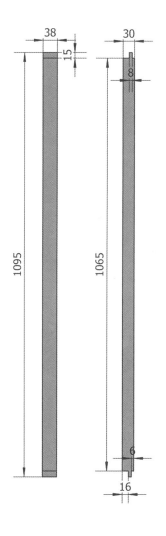

I-2 前中枨

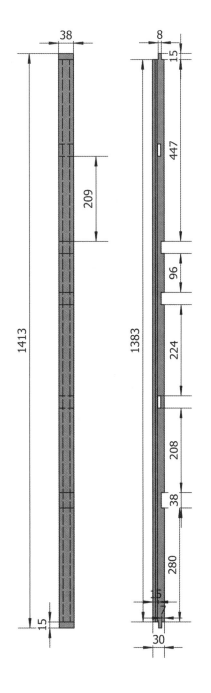

I-3 后中枨

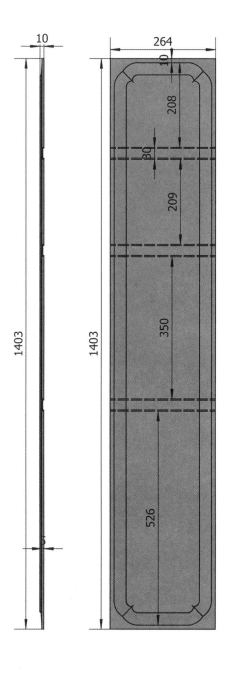

K-1 侧板

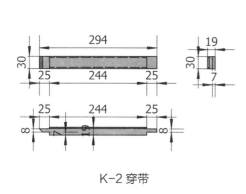

K-2 穿带

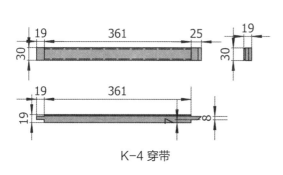

K-4 穿带

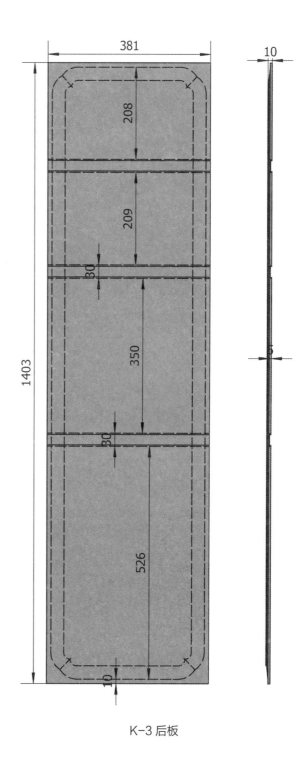

K-3 后板

# 多宝格

规格：905mm×400mm×1950mm

此多宝格为齐头立方式，上部开七空，正面及两侧透空。正面每空上部镶雕回纹券口牙子，侧面每孔下部镶档板，多宝格下平高抽屉两具，柜下镶有牙条。一共由 150 个部件组成。

**观看视频请扫此图**

手机 QQ 扫一扫
观看 3D 结构图

全景家具图
放 置 区

**三视图尺寸图解**

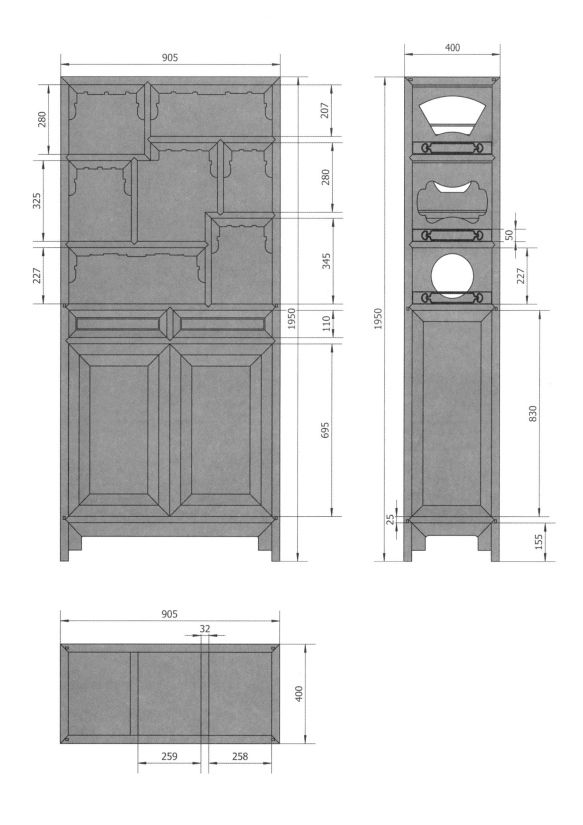

## 多宝格顶盖尺寸图解

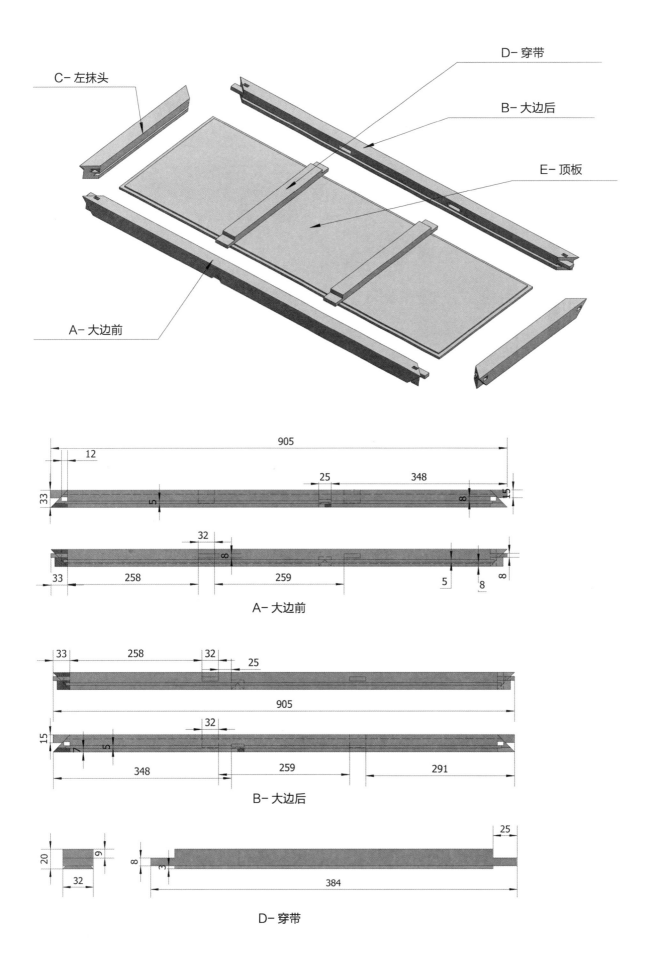

C- 左抹头

D- 穿带

B- 大边后

E- 顶板

A- 大边前

905

12

33

25

348

5

8

15

32

8

33

258

259

5

8

8

A- 大边前

33

258

32

25

905

15

7

5

32

348

259

291

B- 大边后

25

20

9

8

3

32

384

D- 穿带

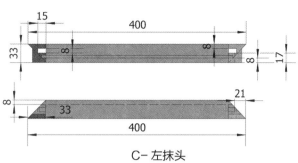

C- 左抹头

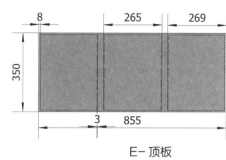

E- 顶板

**腿尺寸图解**

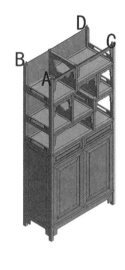

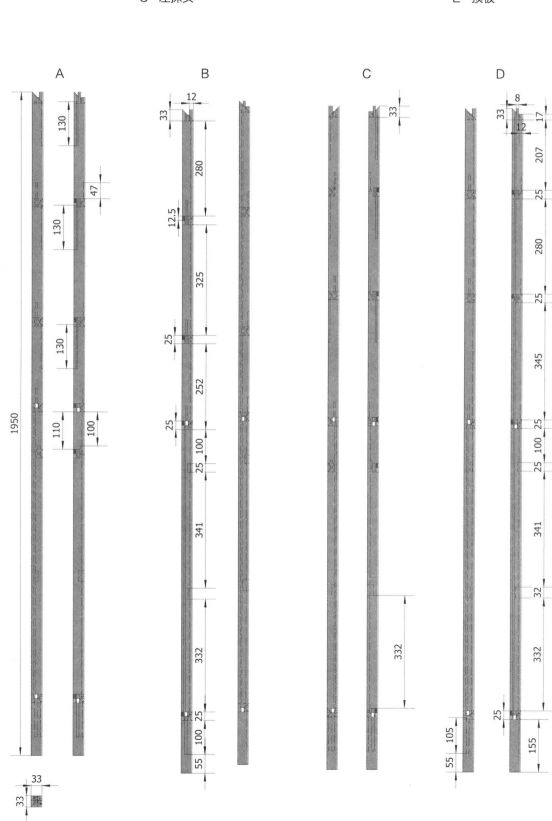

## 下二层尺寸图解

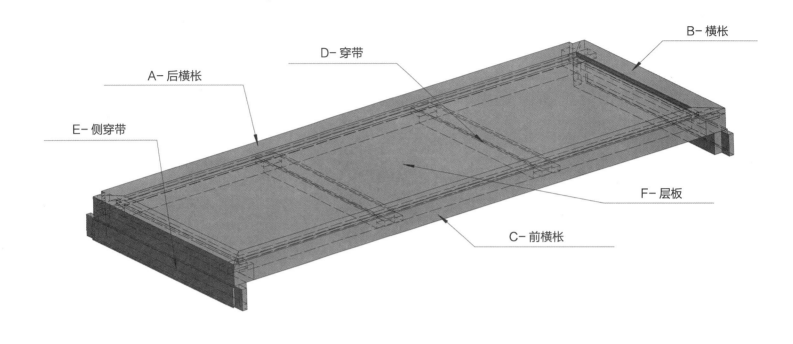

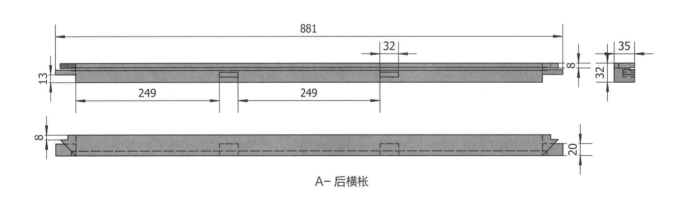

A- 后横枨

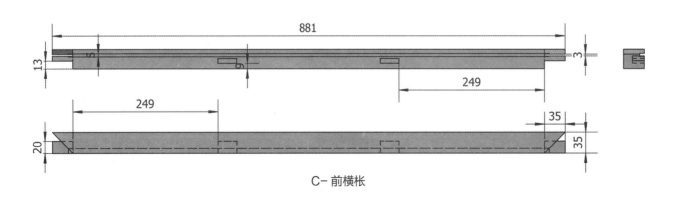

C- 前横枨

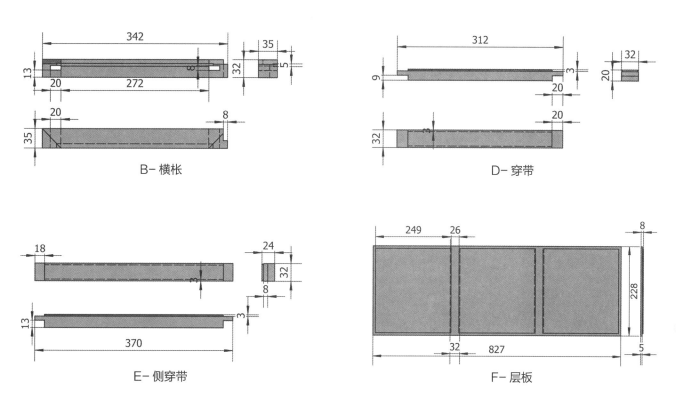

B- 横枨

D- 穿带

E- 侧穿带

F- 层板

**下一层尺寸图解**

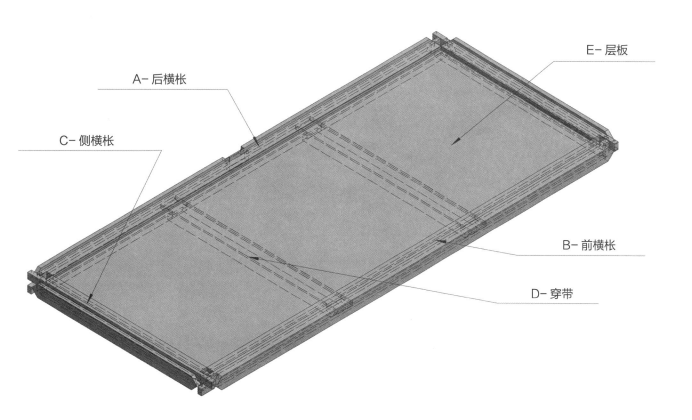

A- 后横枨

C- 侧横枨

E- 层板

B- 前横枨

D- 穿带

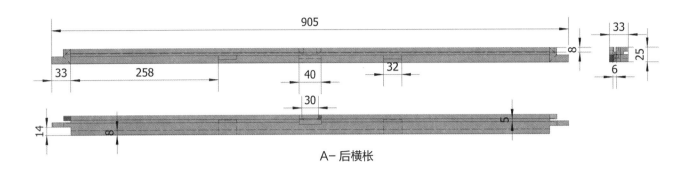

A- 后横枨

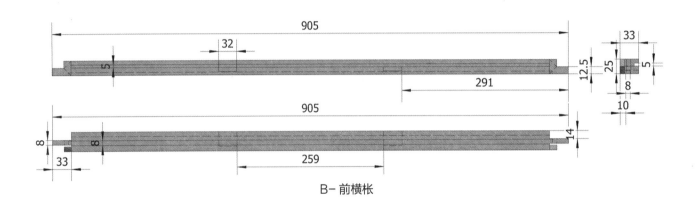

B- 前横枨

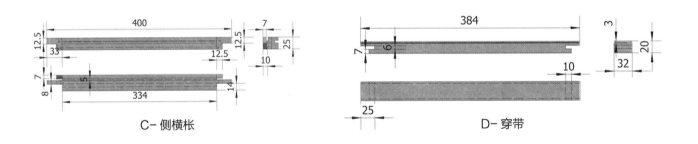

C- 侧横枨

D- 穿带

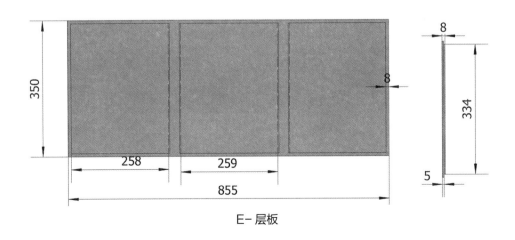

E- 层板

## 抽屉边框尺寸图解

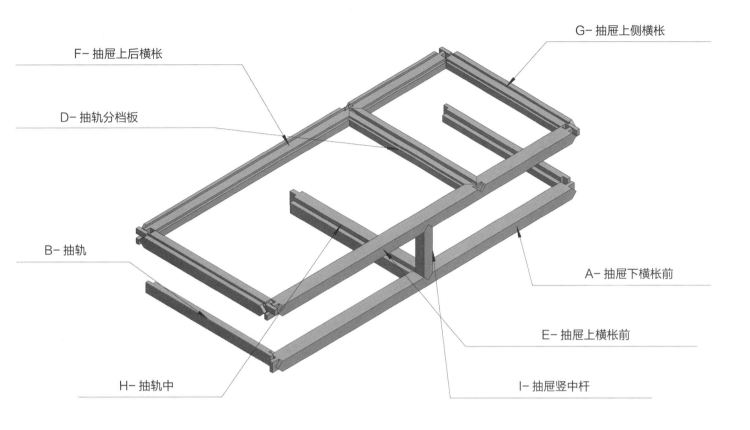

F- 抽屉上后横枨

D- 抽轨分档板

B- 抽轨

H- 抽轨中

G- 抽屉上侧横枨

A- 抽屉下横枨前

E- 抽屉上横枨前

I- 抽屉竖中杆

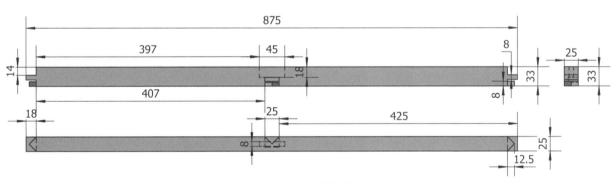

A- 抽屉下横枨前

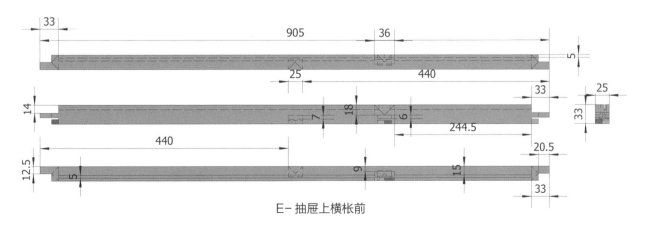

E- 抽屉上横枨前

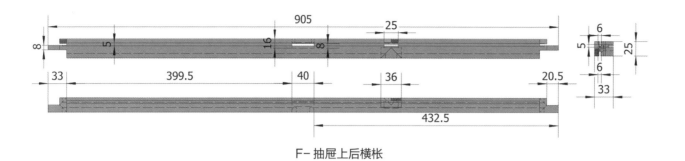

F- 抽屉上后横枨

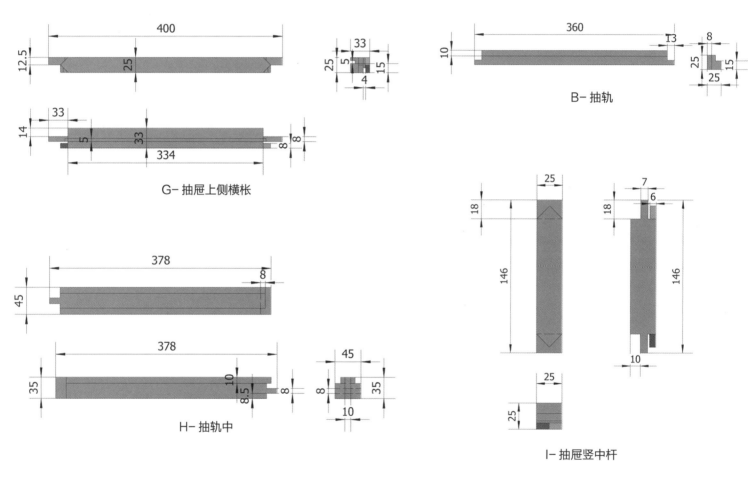

G- 抽屉上侧横枨

B- 抽轨

H- 抽轨中

I- 抽屉竖中杆

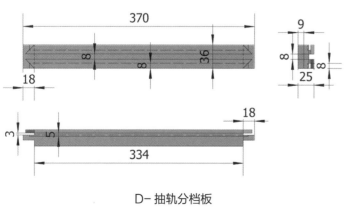

D- 抽轨分档板

**抽屉尺寸图解**

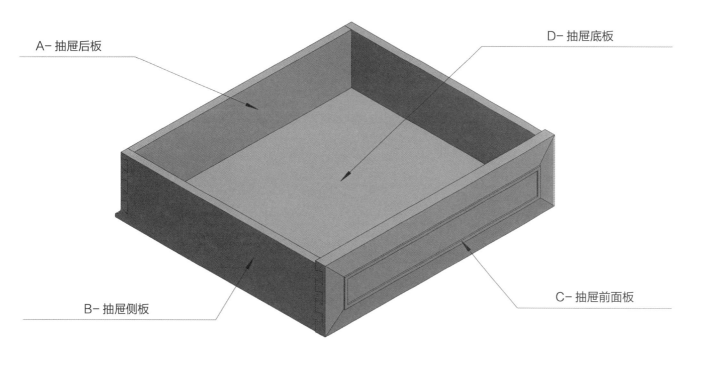

A- 抽屉后板

D- 抽屉底板

B- 抽屉侧板

C- 抽屉前面板

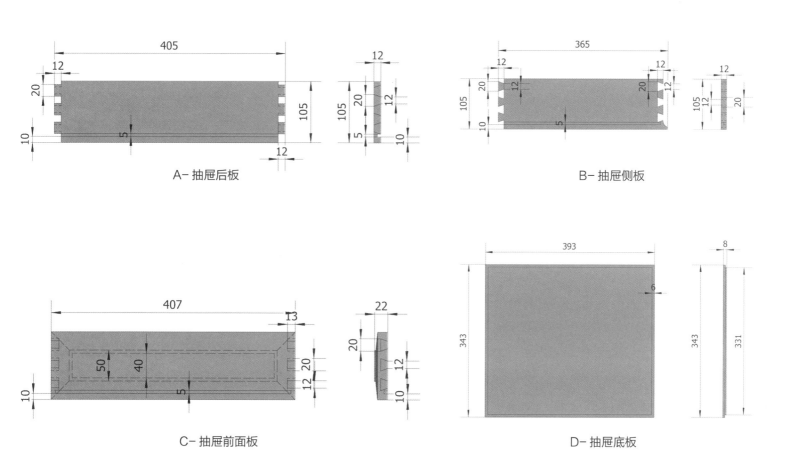

A- 抽屉后板

B- 抽屉侧板

C- 抽屉前面板

D- 抽屉底板

**上宝格框架尺寸图解**

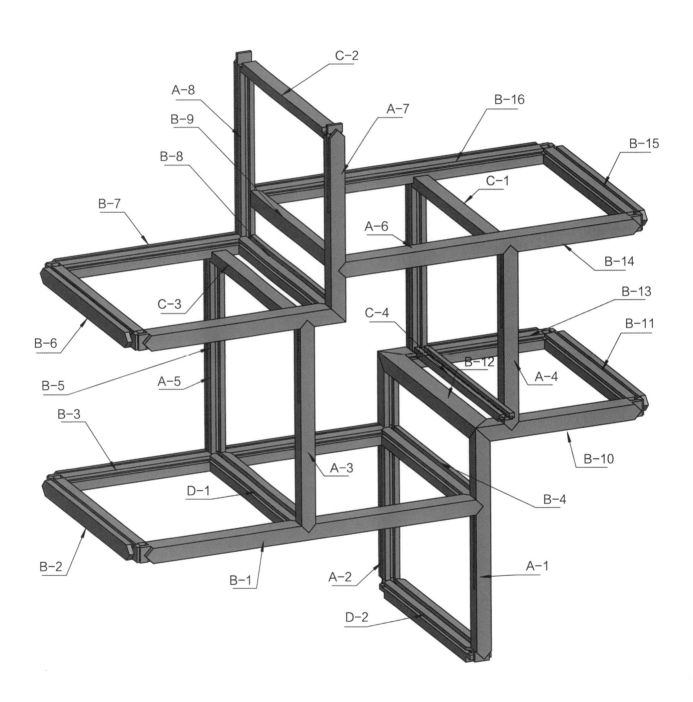

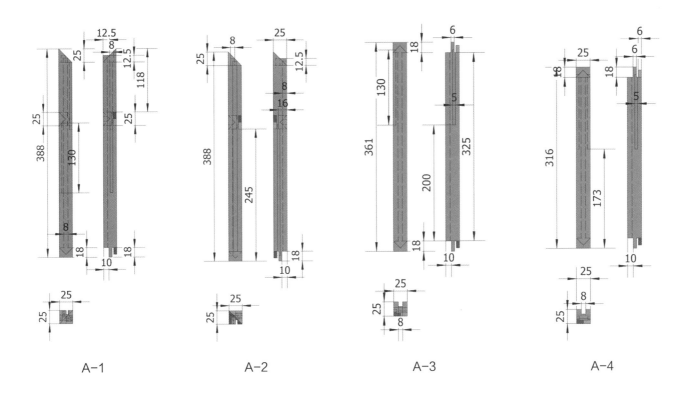

A-1                    A-2                    A-3                    A-4

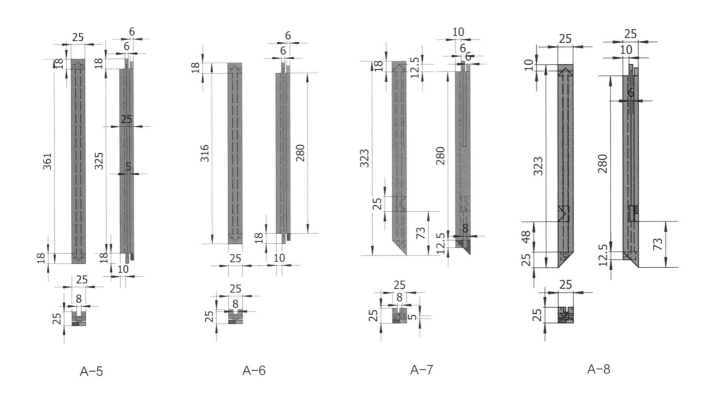

A-5                    A-6                    A-7                    A-8

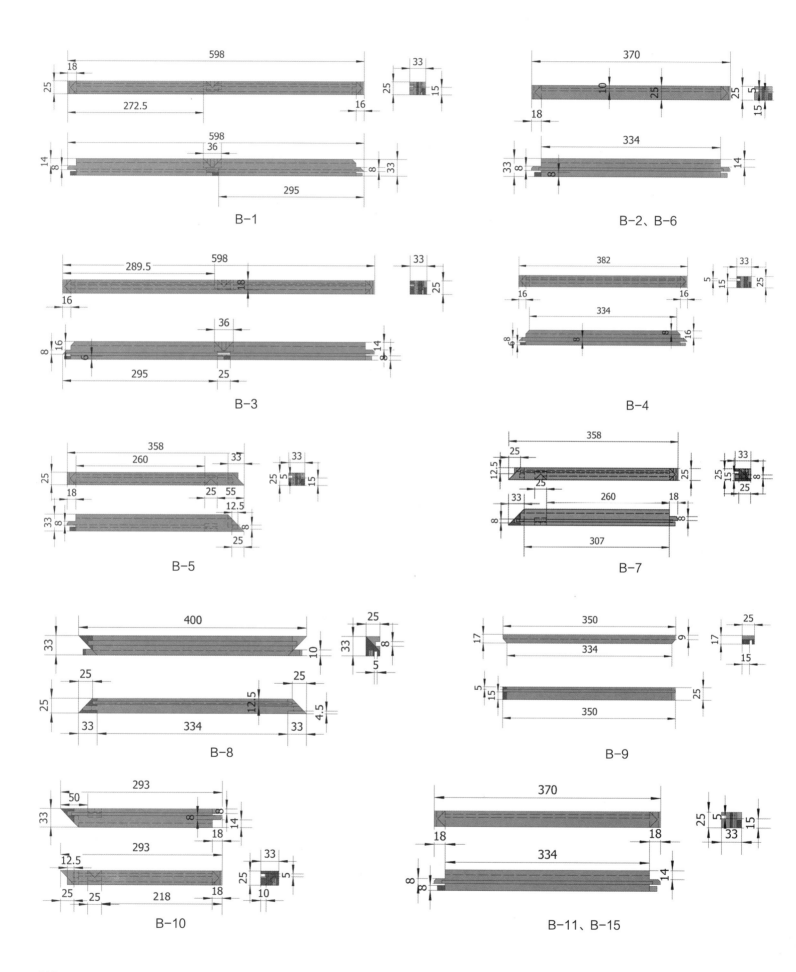

B-1

B-2、B-6

B-3

B-4

B-5

B-7

B-8

B-9

B-10

B-11、B-15

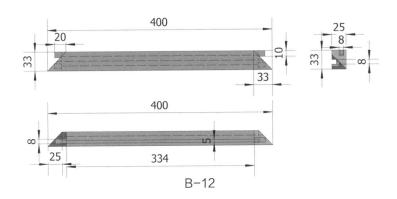

B-12

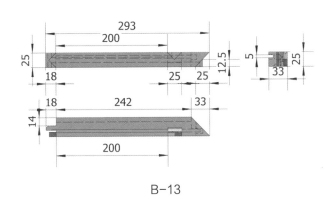

B-13

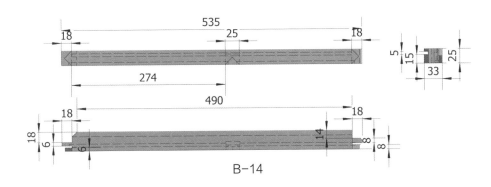

B-14

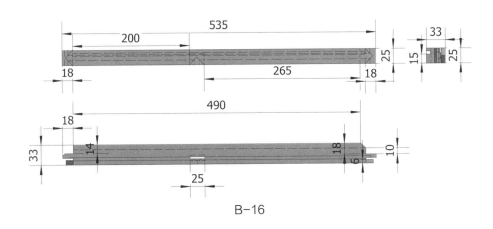

B-16

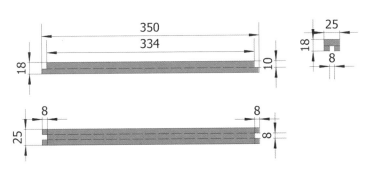
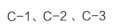

C-1、C-2 、C-3

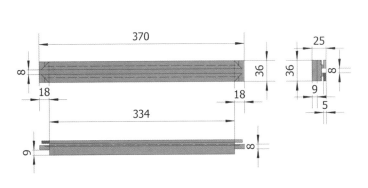

D-1、D-2

**上格层板、档板、绦环板尺寸图解**

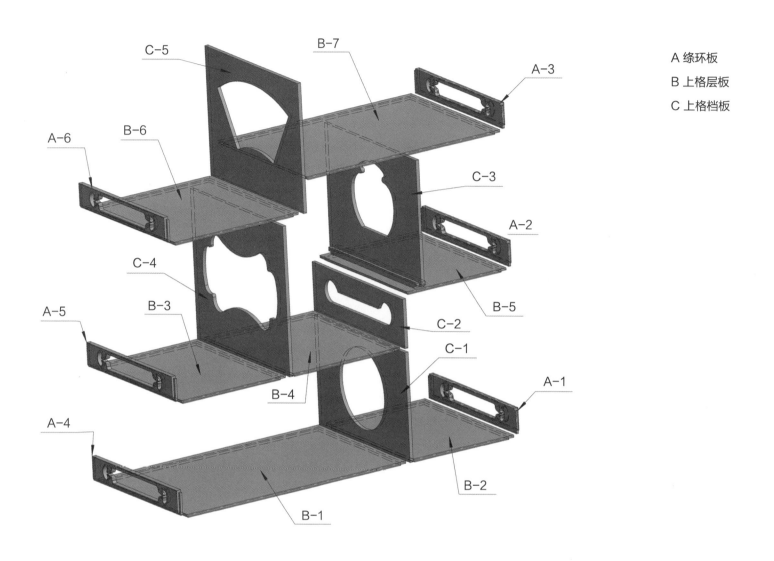

A 绦环板
B 上格层板
C 上格档板

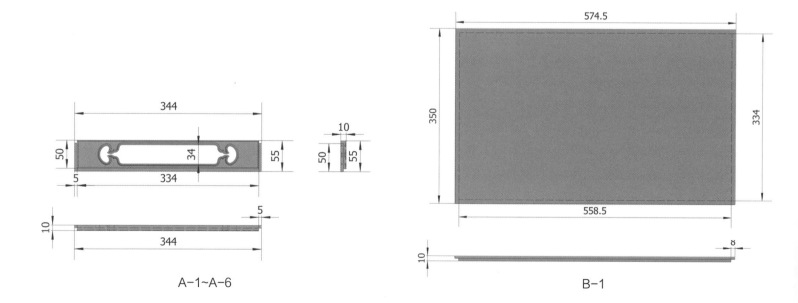

A-1~A-6

B-1

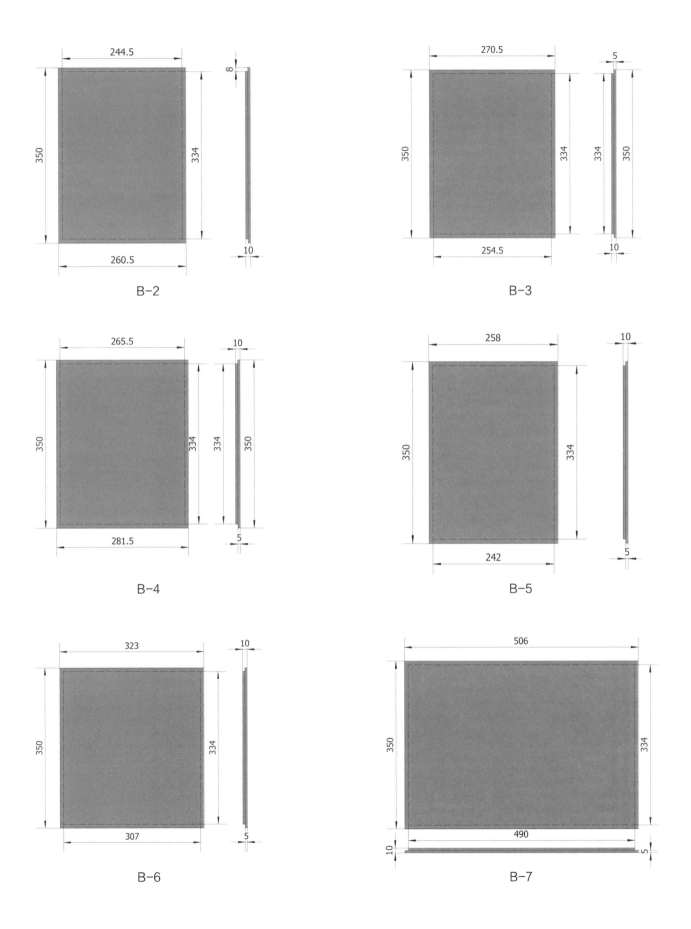

B-2

B-3

B-4

B-5

B-6

B-7

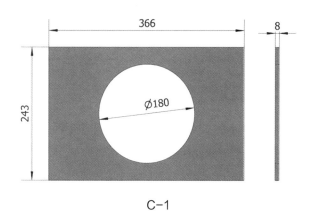

C-1

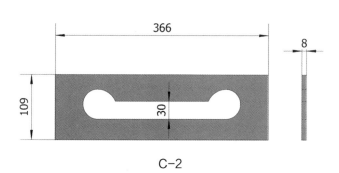

C-2

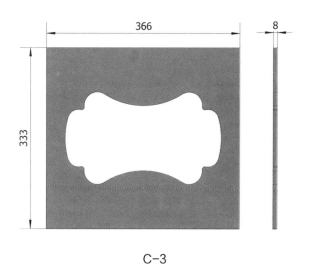

C-3

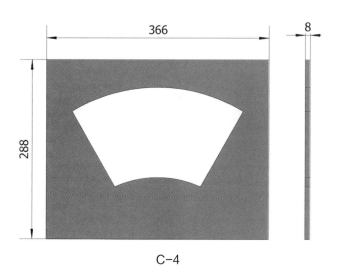

C-4

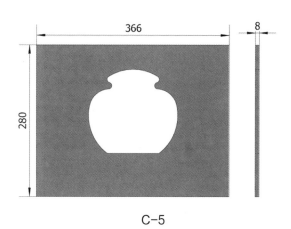

C-5

## 后背板尺寸图解

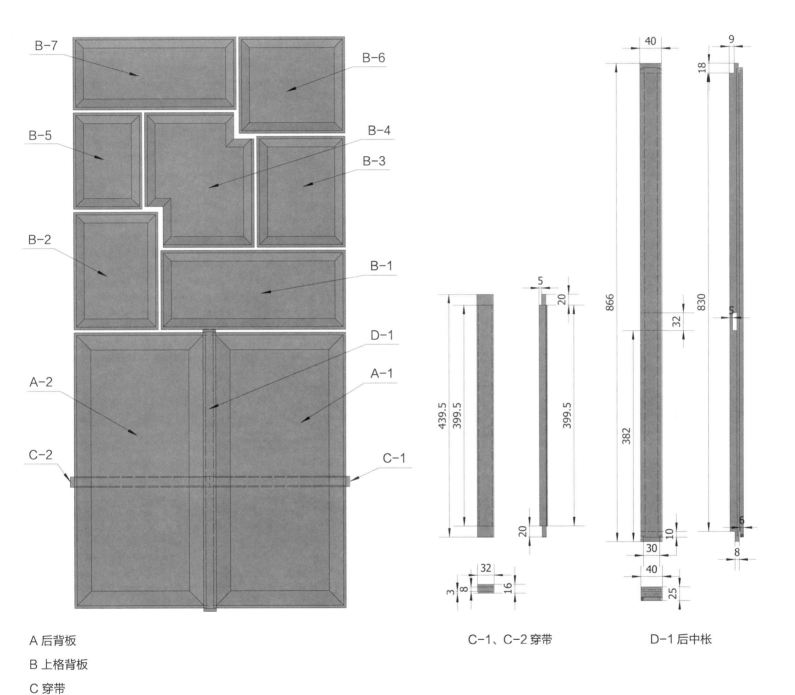

A 后背板

B 上格背板

C 穿带

D 后中枨

C-1、C-2 穿带

D-1 后中枨

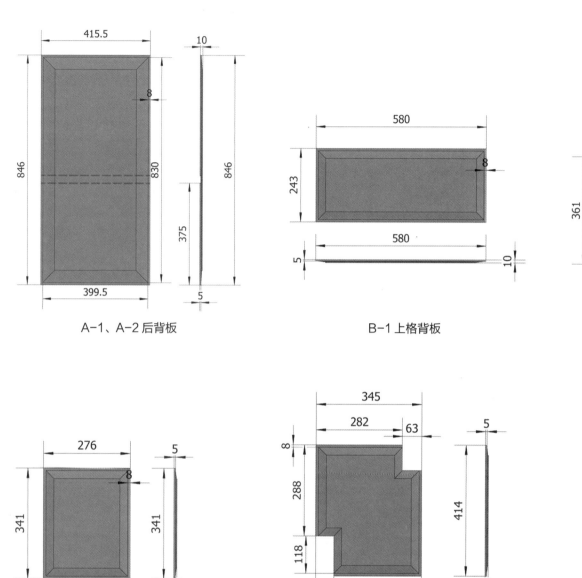

A-1、A-2 后背板

B-1 上格背板

B-2 上格背板

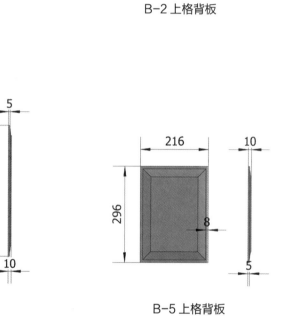

B-3 上格背板

B-4 上格背板

B-5 上格背板

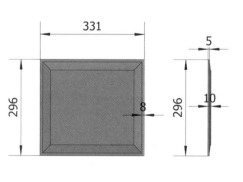

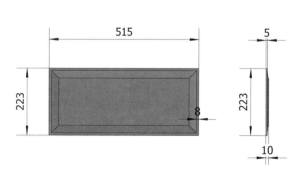

B-6 上格背板

B-7 上格背板

## 上格牙条分尺寸图解

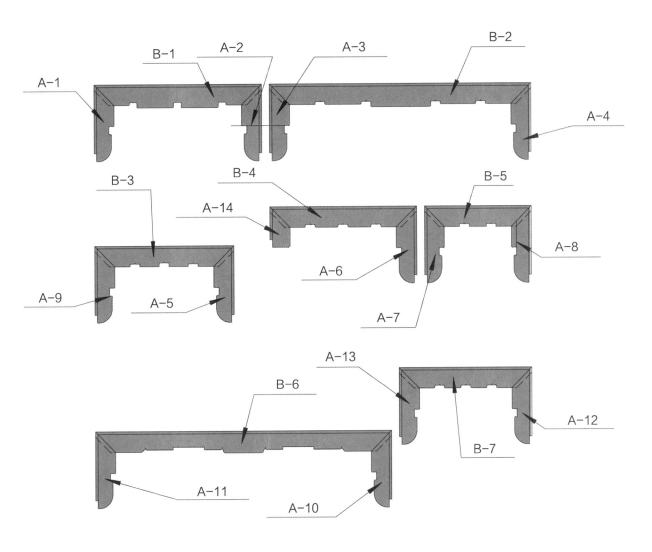

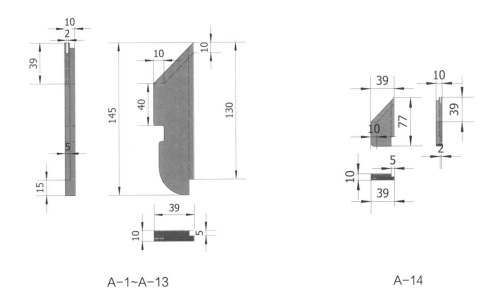

A-1~A-13

A-14

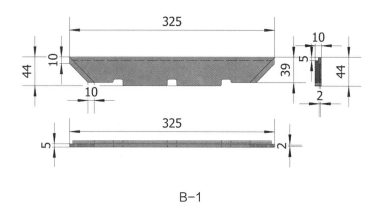

B-1

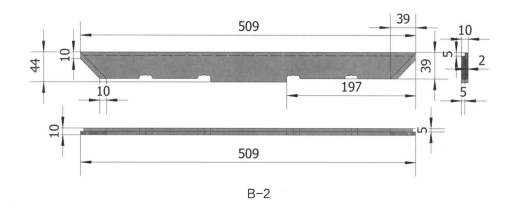

B-2

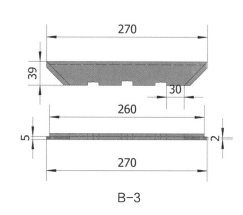

B-3

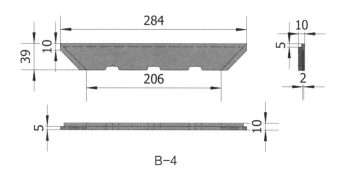

B-4

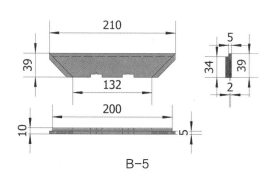

B-5

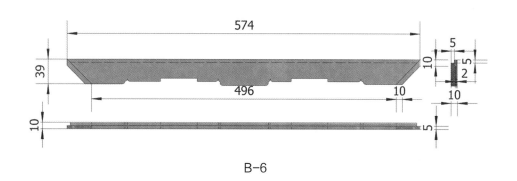

B-6

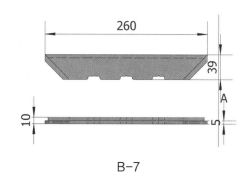

B-7

## 门结构尺寸图解

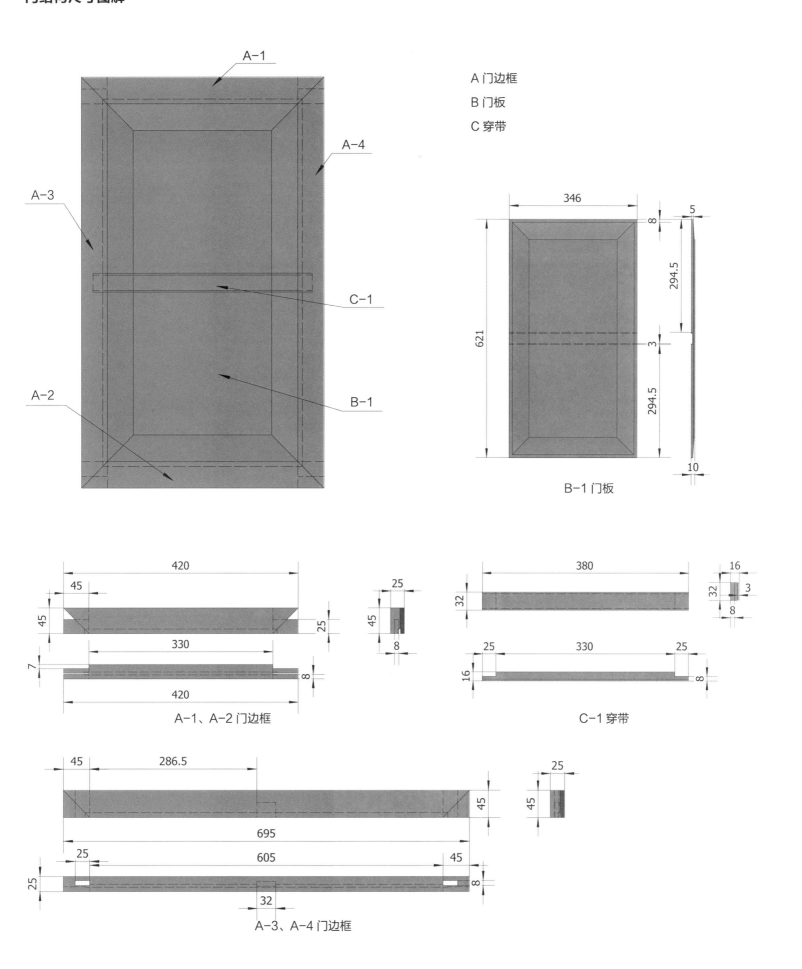

A 门边框
B 门板
C 穿带

B-1 门板

A-1、A-2 门边框

C-1 穿带

A-3、A-4 门边框